计 算 机 科 学 丛 书

可穿戴计算

基于人体传感器网络的可穿戴系统建模与实现

詹卡洛·福尔蒂诺（Giancarlo Fortino）

[意] 拉法埃莱·格雷维纳（Raffaele Gravina） 著 冀臻 孙玉洁 译

斯特凡诺·加尔扎拉诺（Stefano Galzarano）

Wearable Computing

From Modeling to Implementation of Wearable Systems Based on Body Sensor Networks

机械工业出版社
China Machine Press

图书在版编目（CIP）数据

可穿戴计算：基于人体传感器网络的可穿戴系统建模与实现 /（意）詹卡洛·福尔蒂诺
(Giancarlo Fortino) 等著；冀臻，孙玉洁译 . —北京：机械工业出版社，2019.3
（计算机科学丛书）

书名原文：Wearable Computing: From Modeling to Implementation of Wearable Systems
　　　　　Based on Body Sensor Networks

ISBN 978-7-111-62274-1

I. 可… II. ①詹… ②冀… ③孙… III. 便携式计算机 IV. TP368.33

中国版本图书馆 CIP 数据核字（2019）第 050789 号

本书关注基于人体传感器网络（BSN）的高级编程方法，支持读者开发自己的 BSN 应用系统，并涵盖 BSN 的新兴主题，如协作 BSN、BSN 设计方法、自主 BSN、BSN 与普及环境的集成以及 BSN 与云计算的集成。本书描述了一个真实的 BSN 原型，并包括更多实际应用的案例研究。

出版发行：机械工业出版社（北京市西城区百万庄大街 22 号　邮政编码：100037）

责任编辑：杨宴蕾	责任校对：殷　虹
印　　刷：北京市兆成印刷有限责任公司	版　　次：2019 年 4 月第 1 版第 1 次印刷
开　　本：185mm×260mm　1/16	印　　张：13
书　　号：ISBN 978-7-111-62274-1	定　　价：79.00 元

凡购本书，如有缺页、倒页、脱页，由本社发行部调换
客服热线：（010）88378991　88379833　　　　投稿热线：（010）88379604
购书热线：（010）68326294　　　　　　　　　　读者信箱：hzjsj@hzbook.com

版权所有·侵权必究
封底无防伪标均为盗版
本书法律顾问：北京大成律师事务所　韩光 / 邹晓东

相对而言，可穿戴计算是一个比较新的研发领域，它旨在为不同应用领域提供支持，这些领域包括：医疗保健、健身、社交互动、电子游戏和智慧工厂。可穿戴计算的实现基于可穿戴传感器设备（例如测量心率、温度或血氧的设备）、普通生活用品（如手表、皮带或鞋子）以及个人手持设备（如智能手机或平板电脑）。最近，由于人体传感器网络 (BSN) 的引入，可穿戴计算技术得以向前推进。这种由无线可穿戴传感器节点构成的网络通过功能更为强大的协调器（智能手机、平板电脑和个人电脑）来协调运行。

尤其是在不同的行业部门，BSN 支持非常广泛的应用场景。我们可以将它们分类为不同的领域：电子健康、电子应急、电子娱乐、电子运动、电子工厂和电子社交。

电子健康领域的应用包括从疾病的早期检测或预防、老年人家庭助理，到手术后创伤康复。电子应急领域的应用包括的 BSN 系统可以在由地震、山体滑坡、恐怖袭击等造成的大规模灾害中，为消防员或应急团队给予支持。电子娱乐领域通常是指基于 BSN 进行实时运动和手势识别的人机交互系统。电子运动领域的应用虽然关注的重点并非医疗，但是与电子健康领域相关。具体来说，该领域包括用于业余和专业运动员的个人电子健身应用，以及用于健身俱乐部和运动队的企业级系统，该系统可以为运动员提供先进的训练情况监测服务。电子工厂是一个新兴的，并且非常有前景的领域，该领域涉及工业过程管理和监控，以及工人安全和协作支持。最后，电子社交应用可以使用 BSN 技术来识别用户的情绪和认知状态，并以此启用与朋友和同事的新型社交互动形式。一个有趣的例子是，有一个涉及两个人的 BSN 之间交互的系统，该系统可以通过检测握手来监控其社交和情绪的互动情况。

虽然已经能够获得（至少从商业角度来看）BSN 的基本要素（传感器、协议和协调器），但开发 BSN 系统 / 应用程序仍然是一项复杂的任务，因为它需要一套设计方法，这套方法要基于有效且高效的编程框架。在本书中，将提供有效开发高效 BSN 系统 / 应用程序的编程方法。此外，我们还提供了新的技术，将基于 BSN 的可穿戴系统与更加通用的无线传感器网络系统和云计算集成起来。

本书以受 SPINE 项目（http：//spine.deis.unical.it）支持的集中而广泛的基础和应用型研究活动为基础，其作者是该项目的共同创始人、负责人和主要开发人员。因此，本书可通过链接到 SPINE 网站来为读者提供开发可穿戴计算系统的软件和工具。

本书针对可穿戴计算领域的广大读者，尤其是正在产生研究兴趣和动力的那些读者；对于学术研究人员，尤其是商业开发人员，本书也能够提高他们的兴趣。读完本书后，读者将会有以下收获：

- 了解可穿戴计算、无线 BSN、集成移动计算的可穿戴系统、无线网络以及云计算等方面的最新研究与开发动向。
- 通过学习先进技术和开放式研究问题获取未来的路线图。
- 收集解决关键问题的背景知识，这些问题的解决方案将会推动下一代可穿戴系统的发展。
- 将本书作为相关行业技术专家的宝贵参考资料。
- 将本书作为准备从事该领域的研究工作，或打算在相关行业工作的本科生或研究生的教材。

本书的主要内容如下：

- 可穿戴计算，是指对发明、设计、构建或使用微型可穿戴式计算和感应设备的研究或实践。可穿戴式计算机可以附在衣服的里面、表面或内部，甚至本身也可以是衣服。
- 无线传感器网络（WSN），是指微型设备的集合体，这些设备具备感知、计算和无线通信能力，能够在特定环境下，以分布式方式对感兴趣的事物进行监视和控制，并协同对紧急情况做出反应。WSN 应用涉及多个领域，例如对环境和建筑物的监控、污染监测、农业、医疗保健、家庭自动化、能源管理、地震和火山喷发的监测等。
- 人体传感器网络（BSN），是指无线可穿戴生理传感器，这些传感器应用在人的身体上，用于医疗和非医疗目的。特别是它们允许使用者在日常生活中对身体动作和生理参数进行连续测量，其中被测的生理参数包括心率、肌肉张力、皮肤电导率、呼吸速率和肺活量。
- 节点内信号处理，是指一种应用于高级无线传感器平台的中央计算方法。通过这种方法，数据处理过程直接在传感器节点上进行，从而对传感器获取的数据进行预处理，并对来自其他传感器节点的数据进行融合处理，尤其是还将执行诸如分类和决策等更高级的计算。

- 移动计算，是指人机交互，利用这些能力，计算机能够在正常使用期间四处移动。移动计算涉及移动通信、移动硬件和移动软件。通信问题包括自组织网络和基础架构网络以及通信属性、协议、数据格式和具体技术。硬件包括移动设备或设备组件。移动软件处理移动应用的特性和需求。

- 云计算，是指对通过网络（通常是 Internet）以服务形式交付的计算资源（硬件和软件）的使用。该名称的来源是，在系统图中，使用一个类似云朵形状的符号作为对其所包含的复杂基础架构的抽象。云计算利用用户数据、软件和计算提供远程服务。

- 基于平台的设计（PBD），是指一种嵌入式计算设计方法，由一系列设计 / 开发步骤组成，这些步骤从数字系统的初始高级描述，循序渐进地完成最终实现。每个步骤都是一个改进过程，可以将设计从高级描述转换成较为低级的描述，进而逐渐接近最后的实现。

- 软件框架，是指一种抽象，其中，可以通过用户代码有选择地改变提供通用功能的软件，从而提供针对不同应用定制的专用软件。软件框架是一种通用、可重复使用的软件平台，用于开发应用程序、产品和解决方案。软件框架包括支持程序、编译器、代码库、应用程序编程接口（API）以及工具集，工具集将所有不同的组件汇集在一起，以支持项目或解决方案的开发。

- 自主计算，是指一种用于应对计算系统管理中不断增长的复杂性的范式。它通过将一系列"自我特性"（自我配置、自我修复、自我优化和自我保护）引入复杂系统中来解决问题，通过这种方式，这样的系统能够在没有任何人为干预的情况下执行若干自我管理动作。

- 动作识别，旨在通过观察智能体的行为及其周围环境条件，来辨识一个或者多个智能体的动作或者意图。自 20 世纪 80 年代以来，这个研究领域已经引起几个计算机科学团体的关注，其优势在于能够为多种不同的应用提供个性化支持，以及加强与许多不同研究领域的联系，这些领域包括医疗、人机交互、社会学等。具体来说，我们的兴趣点主要是基于传感器的单用户和多用户动作识别，它通过将传感器网络的新兴领域与新颖的数据挖掘以及机器学习技术集成在一起，为各种各样的人类活动建模。

具体来说，本书分为 12 章：

- 第 1 章介绍关于可穿戴传感器节点、网络架构 / 协议 / 标准以及应用 / 系统的最新情况。
- 第 2 章分析最常见的用于编写 BSN 应用程序 / 系统的软件框架（CodeBlue、Titan、RehabSPOT 以及其他框架）的最新情况。
- 第 3 章从体系结构和编程的视角详细介绍 SPINE 框架（http://spine.deis.unical.it）。
- 第 4 章讨论通过 SPINE2 进行面向任务的 BSN 应用程序编程。
- 第 5 章说明如何通过使用 SPINE*（对 SPINE2 的扩展）让 BSN 自主化。
- 第 6 章介绍用于 BSN 系统编程的智能体范式的使用。具体来说，MAPS（SunSPOT 移动智能体平台）框架用于设计和实现基于智能体的 BSN。
- 第 7 章介绍能够使 BSN 彼此交互以支持多用户 BSN 应用的方法和体系结构。
- 第 8 章介绍用于实现 BSN 与基础架构 WSN 之间互通性（例如，建立室内传感器网络）的基于网关的解决方案。这将使 BSN 穿戴者能够与周围环境进行"看不见"的交互。
- 第 9 章提出了一个基于 Google App Engine 集成 BSN 和云的架构，称为人体云。现在至关重要的是，把在人体上所获得的或经过预处理的数据移动到云上，进行存储和非实时分析。
- 第 10 章描述一种基于 SPINE 的 BSN 系统开发方法，该方法从需求分析到实现和部署等方面对 BSN 系统开发人员进行指导。
- 第 11 章介绍几种通过 SPINE 开发并用在不同应用领域的应用程序（动作识别：识别人体姿势和动作；情感识别：识别压力和恐惧；握手检测：协同识别两个人的握手；康复：实时计算肘 / 膝的伸展角度）。
- 第 12 章为那些对使用 SPINE 框架开发应用程序感兴趣的 BSN 程序员提供快速有效的参考。本章为设置 SPINE 环境以及如何个性化和扩展框架本身提供必要的信息。

本书是许多研究人员、学者和业界专家直接和间接参与的成果。

衷心感谢 SPINE 团队的所有其他成员：Fabio Bellifemine、Roberta Giannantonio、Antonio Guerrieri、Roozbeh Jafari 和 Alessia Salmeri。也要感谢所有国际研究人员，以及通过研究、编程工作和新颖想法为 SPINE 项目做出贡献的内部校友，特别要提及 Andrea Caligiuri、Giuseppe Cristofaro、Philip Kuryloski、Vitali Loseu、Ville-Pekka Seppa、Edmund Seto、Marco Sgroi 和 Filippo Tempia。

本书的出版工作有一部分是在 INTER-IoT、研究和创新行动（由欧盟资助的地平线 2020 欧洲项目，Grant Agreement 687283）的框架下完成的。

感谢 Wiley 的出版人员对于本书出版的付出和支持。

希望本书能够成为学术研究人员，特别是从事可穿戴计算工作的商业开发人员的宝贵参考资料。

目 录

人体传感器网络

1.1　介绍

本章概述无线人体传感器网络（BSN）领域的最新动态及技术。在介绍完这一新兴技术的动机和潜在应用后，重点分析传感器节点的架构、通信技术和功耗问题。然后介绍和比较一些在无线传感器网络（WSN）领域最常用的可编程传感器平台，尤其是那些用于对患者进行远程监控的传感器平台。本章还会分析相关重要人体信号，以及用于记录这些信号的物理传感器。最后，本章介绍在基于 BSN 的医疗保健监控系统的设计阶段必须考虑的硬件 / 软件特征。例如，一些重要的特征包括传感器的耐磨性、生物相容性、功耗、安全性以及获取的生物物理信息的隐私性等。

1.2　背景

过去几年间，移动应用在病人监护领域得到广泛应用，从根本上改变了医疗保健的方式。在当今社会，移动应用在预防疾病方面正在发挥越来越重要的作用，尤其在诸如医疗保健成本方面的便利性是非常显著的。BSN 技术充分利用移动应用的优势，让生命体征和身体活动（动作和手势）等信息能够传输到诸如智能手机或平板电脑这样的协调器节点[1, 2]。小型化和生产成本的降低正在产生具备高处理能力的极小尺寸的传感器和计算设备，从而对无线传感器网络的发展起了很大的推动作用，并对人体传感器网络产生了直接的积极影响。各种不同类型的信息和多样化的生物信号可以经过传感器融合技术[3]处理之后，由传感器节点传输到协调器设备。

下页的图 1.1 显示一些可穿戴传感设备及其在身体上的典型位置。

1）心电图（ECG）：ECG 用放置在皮肤上的电极来记录一段时间内心脏的活动（包括心率）。

2）血压计：又称脉搏计，是一种用于测量血压（一般包括舒张压和收缩压）的装置。

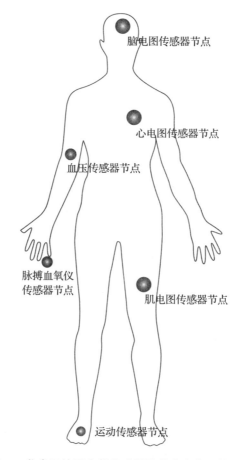

脑电图传感器节点

心电图传感器节点

血压传感器节点

脉搏血氧仪
传感器节点

肌电图传感器节点

运动传感器节点

图 1.1   一些常见的可穿戴传感器及其在人体上的位置分布

3）脉搏血氧仪：血氧仪是一种能够对血液中的血红蛋白量进行无创测量的医疗设备。血红蛋白会与氧结合，因此可以获得血液中含氧量的估计值。

4）肌电图（EMG）：EMG 传感器用于监测肌肉活动，它利用插入肌肉的针电极来获得较高的精度，或者用简单的皮肤电极来获得更佳的实用性和无创性。它记录肌肉纤维在不同条件下的活动：在放松状态下，在自发性收缩达到最大程度时，以及在保持平均收缩状态期间。

5）脑电图（EEG）：EEG 传感器使用放置在头皮上的电极来监测大脑活动，捕捉不同类型的脑电波。

6）运动惯性传感器（例如，加速度计和陀螺仪）监视人体动作，甚至姿势。

BSN 系统通常具有多项硬件和软件方面的特征：

1）互操作性：必须确保能够通过不同的标准（例如，蓝牙和 ZigBee）进行数据的连续传输，以促进信息的交换，并确保设备之间的交互。此外，它还应该提供与传感器节点数量和 BSN 工作负荷相关的足够的可伸缩性。

2）系统设备：传感器必须具有较低的复杂度、体积小、重量轻、节能、易于使用且可重新配置的特性。另外，病人生物信号的存储、检索、可视化和分析必须便利。

3）设备和系统级别的安全性：必须特别关注对这些敏感数据的安全传输和授权访问。

4）隐私：如果应用的目的"超出"了医疗目的，BSN 可被视为对个人自由的"威胁"。社会对这些系统的接受程度是其更广泛传播的关键。

5）可靠性：整个系统在硬件、网络和软件方面必须可靠。可靠性直接影响监控质量，因为（在最坏的情况下）未能观察并且／或者未能成功通知"关键风险事件"对患者来说可能是致命的。由于对通信、功耗的限制和要求，传统网络领域中使用的可靠性技术不再简单地适用于 BSN 领域，在设计和实施阶段，都必须认真考虑这一点。

6）传感器数据的验证和准确性：硬件约束可能影响所采集的数据的质量，而这会制约传感器设备；有线和无线连接并不总是可靠的；环境干扰和供电的有限性也会影响这个方面。这些因素会导致传输数据的不一致，甚至可能在数据的解释过程中导致严重问题。所有从传感器节点传输到协调器的数据都要在硬件或软件中经过充分"验证"，并尝试找出系统的"关键点"，这一点非常重要。

7）数据一致性：对于具有数量众多且不同类型传感器的大规模 BSN，单个生物物理现象可能显得有些"支离破碎"，并且在单个信号中，只有一部分可能被检测到。这会导致信息的一致性问题，必须通过适当的同步策略、数据融合技术[3]以及／或者数据访问中的互斥等方式来解决。

8）干扰：BSN 中使用的无线链路应该尽量减少干扰问题，并且使传感器节点能够与无线电频率范围内可用的其他网络设备共存，而不会相互干扰。

9）生物相容性：可穿戴传感器和皮肤电极必须具备生物相容性和稳定性，因为它们可能会在使用者身上不中断地连续工作很长一段时间。

除了硬件和软件方面的特征之外，我们还将重点介绍其他一些方面，它们可能会促进 BSN 系统的广泛传播及其开发活动：

1）成本：用户期望所用设备能够具备较高的性能，同时具有较低的健康监测成本。

2）不同级别的监测：用户可能需要不同级别的监测，例如，控制缺血性心脏病或在行动过程中跌倒的风险。根据不同的工作模式，设备供电的水平也会随之变化。

3）无创且易用的设备：设备必须是可穿戴、轻便和无创伤的。它们不应该妨碍用户的日常活动；其操作对于用户来讲应该是"透明的"，用户应该不需要知道监控任务的细节。

4）性能的持续性：传感器必须经过校准，而且即便 BSN 停止工作并且多次重启，它们也应该提供持续的测量。无线链路应尽可能健壮，并能够在不同（嘈杂）的工作环境中正确运行。

1.3 典型的移动健康系统架构

图 1.2 显示一个基于 BSN 技术的移动健康系统的典型架构。它通常由三个不同的层组成，各层之间通过无线（有时是有线）通道进行通信[4]。

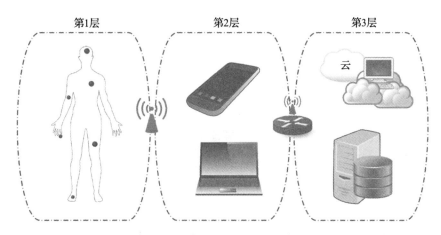

图 1.2 一个三层的分层 BSN 架构：①人体传感器层，②个人局域网层，③全球网络层

第 1 层代表人体传感器层，包括组成 BSN 的一组无线可穿戴医疗传感器节点。每个节点都能够检测、采样并处理一个或多个生理信号。例如，运动传感器能够辨别姿势、手势和动作；心电图（ECG）传感器可用于监测心脏活动；脑电图（EEG）传感器用于监测脑电活动等等。

第 2 层是个人局域网层，包含运行最终用户应用程序的个人协调设备（通常是智能手机或平板电脑，也可能是一台 PC）。该层负责一系列功能，提供与 BSN、用户以及上一层的透明接口。与 BSN 的接口提供配置和管理网络的功能，例如传感器的发现和激活,传感器数据的记录和处理,以及与第1层和第3层之间安全通信的建立。配置好 BSN 后,最终用户监控应用程序开始通过用户友好的图形和 / 或音频界面提供反馈。最后,如果与上层有活跃的通信通道,它就可以报告原始的和经过处理的数据,以便进行离线分析和长期存储。相反,如果 Internet 连接暂时不可用,则协调设备应该能够在本地存储数据,并且一旦网络连接恢复,则能够立即执行数据传输。

第3层是全球网络层,包括一个或多个远程医疗服务器或云计算平台。第3层通常为医务人员提供服务,用于离线分析患者的健康状况,实时通知攸关生命的事件和异常情况,并对收集的数据进行科学和医疗可视化。此外,这一层还可以为患者本人或亲属提供 Web 界面。

1.4　传感器节点的硬件架构

典型的传感器节点架构如图 1.3 所示,由以下主要部分组成:

- 感知单元,每个节点通常包含一个或多个内置传感器和一个扩展总线,该总线能够进一步连接一些特定应用中所必需的其他传感器。传感器通常由感知器件和模数转换器(见下一个要点)组成。感知器件是利用某些材料能够根据不同的环境条件改变其"电气特性"这一特征来实现的。无线传感器节点上使用的很多感知器件均基于 MEMS(微电子机械系统)技术。与压电传感器相比,MEMS 传感器效率更高、功耗更低。此外,MEMS 传感器的特点是生产成本低,尽管与压电传感器相比,这样可能会导致精度的降低。
- 模数转换器(ADC)把感知器件的电压值转换为数字值,然后用于后续处理。
- 处理单元,传感器节点的微控制单元(MCU)通常与有限的内置存储器单元一起使用,以提高处理速度,并支持本地在线感知数据的处理。传感器节点也因此能够进行信号处理,如"背景噪声"过滤、数据融合和聚合以及特征提取(例如,均值、方差、最大 / 最小值、熵、信号幅度 / 能量等)。MCU 还负责管理其他硬件资源。
- 收发器单元是将节点连接到网络的组件。它可以是光学或射频(RF)设备。使用低占空比的无线电不仅是可能的,而且实际上非常有用,这样可以帮助降低功耗。

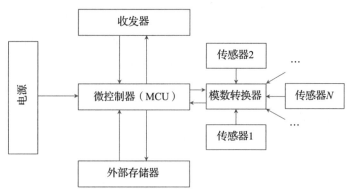

图 1.3 典型的传感器节点硬件架构

- 外部存储器用来存储在传感器节点上运行的二进制代码程序。一些传感器平台还包括另一个存储器（通常是 microSD 闪存），作为记录感知数据的大容量存储单元。
- 电源是传感器节点最稀缺的资源，必须妥善保藏以尽量延长其寿命。它可以得到能量收集单元的特别支持（例如来自太阳光、热能或振动）。

1.5 通信媒介

在多跳传感器网络中，节点可以通过无线通信媒介相互交互。一种选择是使用 ISM（工业、科学和医学）无线电频谱[5]，即一组预定义的，可以在许多国家免费使用的频带。目前市场上的大多数传感器事实上确实使用了射频电路。另一种选择则是红外（IR）通信。一方面，红外通信不需要许可证，而且不容易受干扰，红外收发器非常便宜且易于实现。然而，另一方面，红外通信需要发射器和接收器在视线范围内，这使得它几乎无法作为节点用在 WSN 和 BSN 中，因为很难以这种方式进行部署。

1.6 功耗考虑

传感器节点配备的能量源通常非常有限。传感器节点的生命周期在很大程度上取决于电池的容量，以及执行数据处理和通信的工作周期。鉴于这些原因，很多研究工作主要集中在设计可感知功率的通信协议和算法上，旨在优化能耗。虽然在传统的移动网络和自组网络中，能耗并不是最重要的限制条件，但在 WSN 领域，它却是至关重要的因素。即便在 BSN 的特定子领域中也是如此。尽管可穿戴节点的电池通常更容易充电或者更换，不过由于可穿戴性，电池的尺寸（也就是它的容量）通常还是比其他 WSN 应用场景下的电池尺寸小得多。

在传感器节点中，能耗主要来源于以下三种任务：

- 通信：这是影响最大的因素。低功率的无线电、严格的无线电工作周期、WSN 专用的可感知功率的通信协议和标准，以及节点上的数据融合和聚合技术等，这些手段都是尽可能减少收发器模块活动的重要设计选择。需要注意的是，传输和侦听／接收时间必须加以优化。
- 感知：进行采样所需的功率取决于应用程序的性质，以及因此涉及的物理感知器件的类型。
- 数据处理：即使处理给定数量的数据所消耗的能量与传输相同数据量的功耗要求相比已经非常小，也必须考虑到这一点。试验研究表明，传输 1kB 数据的功耗差不多与传感器节点的微控制器执行 3 ～ 100 万条指令的功耗相当[6]。

1.7　通信标准

上述要求对可以在 WSN 中使用的网络协议类型提出了非常严格的限制条件。鉴于每个节点能够获得的电量预算有限，短距离无线通信就成为先决条件。一种无线网络通信协议的实现必须是健壮的、容错的，甚至在恶劣环境中能够自我配置，而这种恶劣的环境已经成为相当大的技术挑战，这需要（并且仍然需要）几个标准化组织的努力，比如 IEEE 和 IETF。

IEEE 802.15.4[7] 是在 WSN 领域中迄今为止最广泛采用的标准。实际上，它旨在提供无线个人局域网（WPAN）中基本的、较低的网络层级（物理层和 MAC 层），它专注于提供设备之间低成本、低速、无处不在的通信。其重点是在几乎没有底层基础架构的条件下，为附近设备提供极低成本的通信支持。这个基本协议构成一个传输速率为 250kbit/s 的 10 米通信范围。通过几个物理层的定义，还有可能在功耗更低的前提下，支持更多数量的嵌入式设备。最初定义了 20kbit/s 和 40kbit/s 的较低传输速率，后来又增加了 100kbit/s 的速率。更低的速率可以认为是耗电量造成的影响。802.15.4 的主要特点是在不牺牲灵活性和通用性的前提下，实现了极低的制造和运行成本，以及技术的简单性。它的重要特性包括通过保留有保证的时隙实现服务的实时性，利用 CSMA/CA 避免冲突，以及集成对安全通信的支持。它可以在下面三个不需要许可的频段运行：

- 868.0 ～ 868.6MHz：欧洲，允许 1 个通信信道。

- 902 ~ 928MHz：北美，最多 30 个信道。
- 2400 ~ 2483.5MHz：全球使用，最多 16 个信道。

为了完善 IEEE 802.15.4 标准，ZigBee[8] 协议已经实现。ZigBee 是一种低成本、低功耗的无线网状网络标准，它建立在 802.15.4 中定义的物理层和介质访问控制层上，旨在实现比诸如蓝牙等技术更简单、更便宜的通信方式。ZigBee 芯片供应商通常把无线电收发、微控制器和 60 ~ 256kB 的闪存集成在一颗芯片上进行销售。ZigBee 网络层原生支持星形和树形网络，以及通用的网状网络。每个网络都必须拥有一个协调器设备。特别是在星形网络中，协调器必须是中心节点。具体来说，ZigBee 规范通过添加四个主要组件完善了 802.15.4 标准：

- 网络层，支持正确使用 MAC 子层，并为应用层提供合适的接口。
- 应用层是 ZigBee 所定义的最高层级，代表与最终用户的接口。
- ZigBee 设备对象（ZDO）是负责所有设备管理、安全密钥和策略的协议。它负责定义设备（即协调器或终端设备）的角色。
- 制造商定义的应用对象，它允许自定义并支持完全集成。

蓝牙[9] 是一种专有的开放式无线技术标准，用于固定和移动设备间的短距离数据交换（在 2400 ~ 2480MHz 的 ISM 频段内使用短波长无线传输），可以创造具有高度安全性的 WPAN。蓝牙使用称为跳频扩频的无线电技术，将待发送的数据分成若干部分，并在多达 79 个频带（每个 1MHz）上传输这些数据部分。蓝牙是一种具有主从结构的、基于分组的协议。一个主设备可以在所谓的微微网中与多达 7 个从设备通信，所有从设备共享主设备的时钟，数据包交换基于主设备定义的基本时钟。该规范还为连接两个或多个微微网以形成一个散射网提供支持，在这个网中，某些设备在一个微微网中担任主设备的角色，并同时在另一个微微网中担任从设备的角色。虽然是专为 WPAN 设计的，不过蓝牙的第一个版本实际上仅适用于在充电前不需要很长电池寿命的 BSN 系统。这是因为蓝牙的功耗曲线明显高于 802.15.4。造成蓝牙无法在 BSN 领域中使用的其他限制因素是较高的通信延迟（通常约为 100ms）和较长的通信建立时间（受发现设备过程的影响，这可能需要几秒钟）。

为了克服这些限制，蓝牙发布了 4.0 版本，也被称为低功耗蓝牙（BLE）[10]。在 BLE 的众多设计驱动因素中，其中一项是对一些特定应用的支持，这些应用包括医疗保健、体育和健身等。此类应用的推动者是与 Continua Health Alliance 合作的蓝牙特别兴趣小组。BLE 在经典蓝牙工作的相同频率范围（2400 ～ 2480MHz）内工作，但使用了不同的信道集合。BLE 使用 40 个 2-MHz 的宽信道，而不是 79 个 1-MHz 的宽信道。BLE 的设计有两种实现方案：单模式和双模式。像手表和运动传感器这类基于单模式 BLE 实现所产生的小型设备将利用较低的功耗和生产成本。然而，纯粹的 BLE 并没有向后兼容传统的蓝牙协议，而是在双模式实现中，将新的低能耗功能集成到经典的蓝牙电路中。该架构将共享经典蓝牙中的无线电和天线技术，从而用新的低功耗堆栈来增强现有芯片。

ANT[11] 是一种工作在 2.4GHz 频段的超低功耗无线通信协议栈。典型的 ANT 协议收发器需要预先加载协议软件，而且必须由一个应用程序处理器进行控制。它的特点是计算开销低、效率高，因此支持此协议的无线电具有较低的能耗。与 BLE 类似，ANT 也已经瞄准运动、健康和家庭健康监控领域，以及其他 WSN 应用场景。到目前为止，ANT 已被许多商用腕戴式仪器、心率监测、速度和距离监测、自行车电脑以及健康监测设备所采用。

IEEE 802.15 WPAN Task Group 6（BAN）[12] 正在开发一种专门为低功耗设备优化的通信标准。这种设备运行在人体上、人体内或人体周围，服务于各种应用，包括医疗、消费电子、个人娱乐等领域。与 IEEE 802.15.4 相比，IEEE 802.15.6 专注于 BSN 领域，旨在解决该领域诸如较小的通信范围（该标准支持 2 ～ 5m 范围）和较大的数据速率（最高至 10Mbps）等特性，这样有助于降低功耗，满足安全和生物友好性等要求。

1.8　网络拓扑

以下是 BSN 领域采用的最常见的网络拓扑：

- 点对点
- 星形
- 网状
- 集群

点对点（P2P）拓扑（参见图 1.4）反映不依赖于协调站运作的 BSN 系统。值得注意的是，纯粹的 P2P 拓扑在现今的实践中从未使用过。即使是传感器节点采用分散通信范式来达到某个

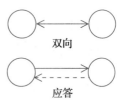

图 1.4　点对点拓扑

共同目标的系统，也至少存在一个与用户连接的节点来接收命令，并为 BSN 产生的
事件提供某种反馈。

BSN 系统最常见的网络拓扑实际上是星形（见
图 1.5）。在这里，协调器设备充当星形网络的中心，
它负责配置远程传感器节点（这些节点相互之间不
直接通信），并收集感知信息。

P2P 和星形拓扑适用于个人 BSN 应用（例如，
健康监测、健身或体育运动），这些应用不需要与其
他 BSN 互动。

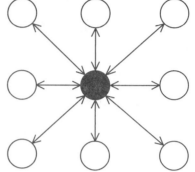

图 1.5　星形拓扑

网状拓扑（见图 1.6）是星形拓扑的延伸，它通过一个底层基础架构在多个 BSN
之间实现交互甚至协作，而这个底层基础架构由那些在 BSN 之间进行通信所必需的
网关节点组成。

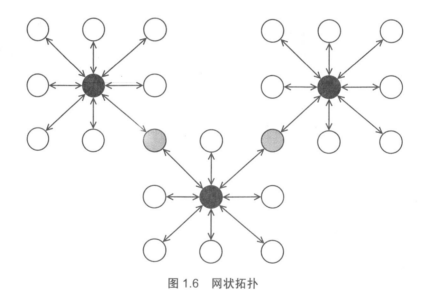

图 1.6　网状拓扑

与网格拓扑有些类似的是集群拓扑（参见图 1.7）。然而，在这里，不同的 BSN
可以在不必依赖于某个固定的基础架构的情况下进行通信。换句话说，BSN 能够直
接进行通信，通常是以 P2P 的方式。

在复杂系统中会采用网状和集群拓扑，这类系统包含不同的 BSN，它们之间需
要相互通信。取决于具体的应用，它们通常称为协作型 BSN[13]（见第 7 章）。

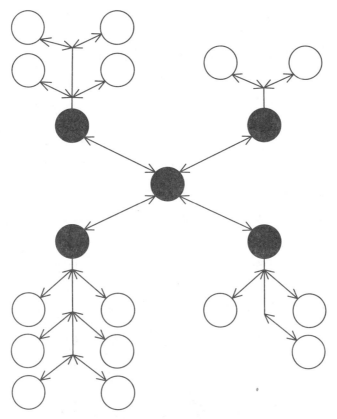

图 1.7   集群拓扑

1.9   商用传感器节点平台

对用于 BSN 应用的商用传感器平台的全面分析超出了本节的范围。但是，为了提供一个对这些平台目前状况的概述，我们在列表 1.1 中做了简要总结。对传感器网络平台的一项有趣的调查可以在参考文献［14］中找到。

表 1.1   商用传感器节点平台清单

传感器平台	MCU	收发器	代码/数据存储	外部存储器	编程语言
BTNode	ATmega 128L 8 MHz	802.15.4 (CC1000), Bluetooth	180/64kB	128kB	C, nesC/TinyOS
Epic mote	TI MSP430 8MHz	802.15.4 (CC2420)	48/10kB	2MB Flash	nesC/TinyOS
MicaZ	ATMega 128 16 MHz	802.15.4 (CC2420)	128/4kB	512kB	nesC/TinyOS
Shimmer3	TI MSP430 24 MHz	Bluetooth	256/16kB	2GB microSD	C, nesC/TinyOS
SunSPOT	ARM920T 180 MHz	802.15.4 (CC2420)	512kB	4MB Flash	JavaME
TelosB	TI MSP430 8 MHz	802.15.4 (CC2420)	48/10kB	1MB Flash	C, nesC/TinyOS
Waspmote	ATMega 1281 8 MHz	ZigBee or Bluetooth or Wifi	128/8kB	2GB microSD	C
Intel Mote	XScale PXA270 13-416MHz	802.15.4 (CC2420), Bluetooth, 802.11b	32MB/32MB	—	C, TinyOS

在下文中，我们简要描述一些最流行的传感器节点架构的主要技术规范。

Intel Mote[15]是最先出现的无线传感器节点平台之一，它内置在 3 × 3cm 的主板上，主板配备了英特尔 XScale PXA270 处理器，具有 32MB 的闪存和 32MB 的 SDRAM，能够进行高性能计算。它集成了 802.15.4 无线收发功能，同时还能通过可连接的电路板支持额外的无线标准，如蓝牙和 802.11b。

Mica Mote[16]（见图 1.8），由加州大学伯克利分校开发，用于研究和开发满足低功耗消费需求的网络。它配备 Atmel ATMEGA128 微控制器，工作频率为 4 ～ 16MHz（在 MicaZ 上），具有 128kB 闪存和 4kB SRAM。无线收发模块基于 Mica 上的 916.5MHz 射频发射器，而在 MicaZ 上，无线收发模块基于 2.4GHz 的 CC2420。这是一款非常出色的平台，能够集成大量额外的插入式传感器电路板。

图 1.8   Mica Mote

TelosB（也称为 Tmote Sky）[17]（见图 1.9）是一款由加州大学伯克利分校设计的低功耗无线传感器节点平台，它用于遍布各处的监控应用，并用于对 WSN 系统的快速原型设计。它集成了 8MHz TI（Texas Instruments）MSP430 微控制器，以及湿度、温度和光传感器，还有兼容 IEEE 802.15.4 的 Chipcon CC2420 无线收发模块。

Shimmer 节点[18]（见图 1.10）专门用于支持可穿戴医疗应用，并通过插入传感器电路板的方式提供可高度扩展的平台，用于实时检测运动和生理参数的变化。它们属于市场上比较小的节点，还有一个塑料盖，可以保护内部的电子设备和电池。此外，松紧带的尺寸和广泛的可选性（例如，手臂、胸部、手腕、腰部和脚踝）使这个平台可能是开发基于 BSN 的移动健康系统的最适合选择。目前，该平台有四个商业版本：Shimmer、Shimmer2、Shimmer2R 和 Shimmer3。它们都具有相同的 MCU（TI MSP430）和无线收发芯片组（CC2420），都支持本地存储介质 microSD，均由一个可充电锂电池供电，由于有第二个专用无线收发模块，它们还支持蓝牙通信。Shimmer3 版本略有不同，因为它使用更加强大的 24MHz MSP430 微控制器，并且本身已包含蓝牙无线收发功能，同时提供了扩展接口来连接额外的无线收发模块或协处理器。对蓝牙的支持是这个平台的一个重要方面，因为它推动了该平台在市场上现有的移动健康系统中的应用。目前的智能手机和平板电脑都具备蓝牙连接功能，但它们都不支持 IEEE 802.15.4 标准。

图 1.9　TelosB Tmote Sky

图 1.10　不同版本的 Shimmer 平台

1.10　生理信号和传感器

人体存在几种非常不同的生命体征和生物生理参数，其中一些对于实现有效的智能健康系统非常有用。相关的主要参数包括：

- 血压

- 血氧

- 血糖浓度

- 体温

- 大脑活动

- 胸阻抗

- 呼吸速率

- 呼吸量

- 心电活动

- 心率

- 皮肤导电性

- 肌肉活动

- 姿势和身体活动

通过可穿戴无创传感器，可以直接或间接地测量上述每种参数。基本传感器平台通常包括一个或多个传感器，而额外增加的传感器则可以通过扩展接口集成。特别是，以下物理传感器已广泛应用于研究以及产业化的移动健康系统：

- 加速度计，用来测量身体动作和姿势。最近几年，这类传感器的重要性显著提高，因为它们非常适合医疗、运动、健身和健康等领域的应用。其工作原理基于当物体被加速时对其惯性的检测[19]。除了两轴和一轴的加速度计，目前流行的加速度传感器能够检测到超过三轴的加速度。

- 陀螺仪，用于测量角速度。通常用到的是三轴、双轴和一轴陀螺仪。陀螺仪相对而言不易受环境干扰，因此，已经被广泛应用于医疗设备[20]。

- 热传感器，用于测量温度或热通量的一系列传感器[19]。

- 电极，用于监测心脏活动（ECG）、大脑活动（EEG）、呼吸活动（电阻抗体积描记图（EIP））、肌肉活动（肌电图（EMG））和情绪（伽伐尼电位差皮肤响应（GSR））。它们必须直接贴敷在皮肤上，并且通常与含有少量导电凝胶的一次性黏合剂一起使用。

- 光电容积描记（PPG）传感器，它们作为间接方法来测量心血管参数，比如脉搏率、血氧和血压[21]。它们是通过带有发光二极管（LED）的夹子和放在两个端子上的光敏传感器来实现的，夹子通常夹在耳垂或手指上，其工作原理基于以下事实：血液会吸收或反射一部分发射光，而由心跳引起的血量变化则会使透射或反射的光量发生相应的变化。

1.11　BSN 应用领域

关于几种 BSN 应用的综述可以在参考文献［22-24］中找到，迄今为止，已经发布了一些关于可穿戴传感器系统的调查。例如，在参考文献［22］中，调查的重点是从功能的角度分析系统（即它们针对什么应用类型）。在其中，系统分为商业产品和研究项目，并根据硬件特征进行分组：基于有线电极的产品、智能纺织品、近距离无线连接产品、基于商用智能手机传感器的产品。另一个经常被引用的调查工作［23］则将注意力集中在硬件组件和应用场景上。被分析的项目分类为①体内（植入式）系统、②体表医疗系统以及③体表非医疗系统。

因此，为了提供不同的观点，我们将在下文介绍可以对 BSN 技术发挥关键作用的主要应用领域的分类。此外，有关 BSN 系统的一些文献摘要，请见表 1.2。

如前所述，BSN 支持非常广泛的应用场景。我们可以将它们分类为不同的应用领域：

- 电子健康
- 电子应急
- 电子娱乐
- 电子体育
- 电子工厂
- 电子社交

1. 电子健康应用包括身体动作识别、步态分析、术后创伤康复、心脏和呼吸系统疾病的预防和早期发现、老年人远程协助和监测、睡眠质量监测和睡眠呼吸暂停检测，甚至情绪识别等［36］。

2. 电子应急是指响应紧急事件的应用，例如，消防员支持系统，以及在因地震、山体滑坡、恐怖袭击等造成的大规模灾害中为团队提供响应支持的应用［37］。

3. 电子娱乐领域是指通常基于 BSN 的人机交互系统，用于实时动作和手势识别、眼动追踪，以及最近流行的情绪和情感识别［38, 39］。

表 1.2 典型的 BSN 系统概要

项目名称	应用领域	涉及的传感器	硬件描述	节点平台	通信协议	操作系统/编程语言
实时唤醒监视器[25]	情绪识别	心电图，呼吸，温度，GSR	胸带，皮肤电极，可穿戴式监控站，USB加密狗	可定制	有线连接的传感器	无/类似C的语言
LifeGuard[26]	太空和极端环境下的医疗监控	心电图，血压，呼吸，温度，加速度计，血氧饱和度	可定制微控制器设备，商用生物传感器	XPod信号调理单元	蓝牙	无
Fitbit®[27]	身体活动，睡眠质量，心脏监控	加速度计，心率	腰/腕穿戴式设备，PC，USB加密狗	Fitbit节点	射频专用	无
VitalSense®[28]	体内及体表温度，身体活动，心脏监控	温度，心电图，呼吸，加速度计	定制可穿戴监控站，无线传感器，皮肤电极，可摄取的胶囊	VitalSense监控器	射频专用	Windows移动版
LiveNet[29]	帕金森症，癫痫发作检测	心电图，血压，呼吸，温度，肌电，GSR，血氧饱和度	PDA，微控制器电路板	可定制生理感知电路板	有线，2.4GHz，无线电，GPRS	Linux(在PDA上)
AMON[30]	心脏呼吸疾病	心电图，血压，温度，加速度计，血氧饱和度	腕戴式设备	可定制腕戴式设备	通过有线连接的传感器–GSM/UMTS	类似C的语言/Java(在服务器工作站)
MyHeart[31]	预防和检测心血管疾病	心电图，呼吸，加速度计	PDA，织物传感器，胸带	专用监测站	导电纱线，蓝牙，GSM	Windows移动版(在PDA上)
Human++[32]	通用健康监测	心电图，肌电图，脑电图	低功耗BSN节点	ASIC	2.4GHz无线电/UWB调制	无
HealthGear[33]	睡眠呼吸暂停检测	心率，血氧饱和度	定制传感器电路板，商用传感器，移动电话	定制可穿戴站（包含XPod信号调理单元）	蓝牙	Windows移动版(在移动电话上)
TeleMuse[34]	医疗保健和研究	心电图，肌电图，GSR	ZigBee无线节点	专用	IEEE 802.15.4/ZigBee	类似C的语言
Polar Heart Rate Monitor[35]	健身和训练	心率，高度	无线胸带，手表监测器	专用手表监测器	PolarOwnCode（5 kHz）–编码传输	无

4.电子体育应用虽然关注重点并非医疗，但与电子健康领域密切相关。该领域包括针对业余和专业运动员的个人电子健身应用，以及能够为健身俱乐部和运动队的运动员们提供先进训练表现监测服务的企业级系统[40]。

5.电子工厂是一个缓慢兴起的领域，它涉及工业过程的管理和监控，以及工人的安全和协作支持[41]。

6.最后，电子社交领域涉及对人类情感和认知状态的识别，以实现新形式的社会互动。一个有趣的例子是，有一个用于跟踪两个人见面时互动情况的系统，它通过协作的方式检测握手，随后监测他们的社交和情感互动[42]。

1.12   总结

本章概述了当前 BSN 领域的最新技术进展。首先介绍了 BSN 技术的动机，然后提供对 BSN 系统中最重要的硬件和软件的描述，并对典型的移动健康系统架构做了详细阐述，还对无线传感器节点的一般原理架构进行了更为详细的解释。此外，还介绍了最为流行的 BSN 网络拓扑、通信协议和标准、商业传感器平台。另外，需要特别注意几种主要的生物生理信号，以及用于采集这些信号的相应物理传感器。最后，本章提供了对最相关的 BSN 应用领域的分类，并总结了很多相关的商业产品和研究项目。

参考文献

1 Movassaghi, S., Abolhasan, M., Lipman, J. et al. (2014). Wireless body area networks: a survey. *IEEE Communications Surveys & Tutorials* 16 (3): 1658–1686.

2 Yang, G.Z. ed. (2006). *Body Sensor Networks.* Springer-Verlag.

3 Gravina, R., Alinia, P., Ghasemzadeh, H., and Fortino, G. (2017). Multi-sensor fusion in body sensor networks: state-of-the-art and research challenges. *Information Fusion* 35: 68–80.

4 Kuryloski, P., Giani, A., Giannantonio, R. et al. (2009). DexterNet: an open platform for heterogeneous body sensor networks and its applications. *Proceedings of the Int'l Conference on Body Sensor Networks (BSN 2009)*, Berkeley, CA (3–5 June 2009).

5 International Telecommunication Union (1992). "ARTICLE 1 – Terms and Definitions" – "Industrial, scientific and medical (ISM) applications (of radio frequency energy): operation of equipment or appliances designed to generate and use locally radio frequency energy for industrial, scientific, medical, domestic or similar purposes, excluding applications in the field of telecommunications". http://life.itu.int/radioclub/rr/art1.pdf (accessed 10 June 2017).

6 Venkatesh, C. and Anandamurugan, S. (2010). Increasing the lifetime of wireless sensor networks by using AR (aggregation routing) algorithm. *IJCA Special Issue on MANETs* (4): 180–186.

7 IEEE 802.15.4 Website. http://www.ieee802.org/15/pub/tg4.html (accessed 5 June 2017).

8 ZigBee Website. www.zigbee.org (accessed 5 June 2017).

9 Bluetooth Website. www.bluetooth.com (accessed 10 June 2017).

10 Bluetooth Low Energy Website. https://www.bluetooth.com/what-is-bluetooth-technology/how-it-works/le-p2p (accessed 5 June 2017).

11 ANT Website. www.thisisant.com (accessed 7 June 2017).

12 IEEE 802.15 WPAN Task Group 6 Website. http://www.ieee802.org/15/pub/TG6.html (accessed 8 June 2017).

13 Augimeri, A., Fortino, G., Galzarano, S., and Gravina, R. (2011). Collaborative body sensor networks. *Proceedings of the IEEE International Conference on Systems, Man and Cybertnetics (SMC2011)*, Anchorage, AL (9–12 October 2011).

14 Narayanan, R., Sarath, T., and Vineeth, V. (2016). Survey on motes used in wireless sensor networks: performance & parametric analysis. *Wireless Sensor Network* 8: 51–60.

15 Levis, P., Gay, D., and Culler, D. (2004). Bridging the Gap: Programming Sensor Networks with Application Specific Virtual Machines. *UC Berkeley Tech Rep. UCB//CSD-04-1343*.

16 Mica2 Datasheet. https://www.eol.ucar.edu/isf/facilities/isa/internal/CrossBow/DataSheets/mica2.pdf (accessed 10 October 2016).

17 TelosB Datasheet. http://www.memsic.com/userfiles/files/Datasheets/WSN/telosb_datasheet.pdf (accessed 5 June 2017).

18 Shimmer Platform Website. www.shimmersensing.com (accessed 11 June 2017).

19 Lewis, F.L. (2004). Wireless sensor networks in smart environments: technologies, protocols, applications. In: *Smart Environments: Technologies, Protocols, Applications* (ed. D.J. Cook and S.K. Das). Wiley Blackwell.

20 Madni, A.M., Wan, L.A., and Hammons, S. (1996). A microelectromechanical quartz rotational rate sensor for inertial applications. *Proceedings of the IEEE Aerospatial Applications Conference*, Aspen, CO (3–10 February 1996).

21 Fortino, G. and Giampà, V. (2010). PPG-based methods for non invasive and continuous blood pressure measurement: an overview and development issues in body sensor networks. *2010 IEEE International Workshop on Medical Measurements and Applications, MeMeA 2010 – Proceedings*, Ottawa, ON (30 April to 1 May 2010), Art. No. 5480201, pp. 10–13.

22 Pantelopoulos, A. and Bourbakis Nikolaos, G. (2010). A survey on wearable sensor-based systems for health monitoring and prognosis. *IEEE Transactions on Systems, Man and Cybernetics* 40 (1): 1–12.

23 Ullah, S., Khan, P., Ullah, N. et al. (2009). A review of wireless body area networks for medical applications. *International Journal of Communications, Network and System Sciences* 2 (8): 797–803.

24 Hao, Y. and Foster, R. (2008). Wireless body sensor networks for health-monitoring applications. *Physiological Measurement* 29: 27–56.

25 Grundlehner, B., Brown, L., Penders, J., and Gyselinckx, G. (2009). The design and analysis of a real-time, continuous arousal monitor. *Sixth International Workshop on Wearable and Implantable Body Sensor Networks*, Berkeley, CA (3–5 June 2009), pp. 156–161.

26 Mundt, C.W., Montgomery, K.N., Udoh, U.E. et al. (2005). A multiparameter wearable physiological monitoring system for space and terrestrial applications. *IEEE Transactions on Information Technology in Biomedicine* 9 (3): 382–391.

27 Fitbit Website. www.fitbit.com (accessed 15 June 2017).

28 VitalSense Integrated Physiological Monitor Website. http://www.actigraphy. com/solutions/vitalsense (accessed 8 June 2017).

29 Sung, M., Marci, C., and Pentland, A. (2005). Wearable feedback systems for rehabilitation. *Journal of NeuroEngineering and Rehabilitation* 2: 17.

30 Anliker, U., Ward, J.A., Lukowicz, P. et al. (2004). AMON: a wearable multiparameter medical monitoring and alert system. *IEEE Transactions on Information Technology in Biomedicine* 8 (4): 415–427.

31 Luprano, J., Sola, J., Dasen, S. et al. (2006). Combination of body sensor networks and on-body signal processing algorithms: the practical case of MyHeart project. *Proceedings of the International Workshop Wearable Implantable Body Sensor Networks*, Cambridge, MA (3–5 April 2006), pp. 76–79.

32 Gyselinckx, B., Van Hoof, C., Ryckaert, J. et al. (2005). Human++: autonomous wireless sensors for body area networks. *Proceedings of the IEEE Custom Integrated Circuits Conference*, San Jose, CA (18–21 September 2005), pp. 13–19.

33 Oliver, N. and Flores-Mangas, F. (2006). HealthGear: a real-time wearable system for monitoring and analyzing physiological signals. Microsoft Research. *Tech. Rep. MSR-TR-2005-182*.

34 Biocontrol Systems Website. www.biocontrol.com (accessed 12 June 2017).

35 Polar Electro Website. www.polar.com (accessed 12 June 2017).

36 Gravina, R., Andreoli, A., Salmeri, A. et al. (2010). Enabling multiple BSN applications using the SPINE framework. *Proceedings of the International Conference on Body Sensor Networks, BSN 2010*, Singapore, pp. 228–233 (7–9 June 2010). IEEE Computer Society.

37 Lorincz, K., Malan, D.-J., Fulford-Jones, T. et al. (2004). Sensor networks for emergency response: challenges and opportunities. *IEEE Pervasive Computing* 3 (4): 16–23.

38 Terada, T. and Tanaka, K. (2010). A framework for constructing entertainment contents using flash and wearable sensors. *Proceedings of the 9th International Conference on Entertainment computing, ICEC'10*, Seoul, Korea (8–11 September 2010), pp. 334–341. Springer-Verlag.

39 Gravina, R. and Fortino, G. (2016). Automatic methods for the detection of accelerative cardiac defense response. *IEEE Transactions on Affective Computing* 7 (3): 286–298.

40 Coyle, S., Morris, D., Lau, K. et al. (2009). Textile-based wearable sensors for assisting sports performance. *Proceedings of the International Conference on Body Sensor Networks, BSN 2009*, Berkeley, CA, USA (3-5 June 2009), pp. 228–233. IEEE Computer Society.

41 Huang, J.-Y. and Tsai, C.-H. (2007). A wearable computing environment for the security of a large-scale factory. *Proceedings of the 12th International Conference on Human-Computer Interaction: Interaction Platforms and Techniques, HCI'07*, Beijing, China (22–27 July 2007), pp. 1113–1122. Springer-Verlag.

42 Augimeri, A., Fortino, G., Rege, M. et al. (2010). A cooperative approach for handshake detection based on body sensor networks. *Proceedings of the IEEE International Conference on Systems, Man, and Cybernetics, SMC 2010*, Istanbul, Turkey (10–13 October 2010), pp. 281–288. IEEE Press.

BSN 编程框架

2.1 介绍

除了在系统集成、小型化、电路设计和供电效率等方面的技术性硬件开发之外，对于从概念诞生到原型研究，直至转变为强大尖端的实际产品的可穿戴系统而言，开发有效且高效的软件应用程序是关键因素。

但是，如果没有适当的编程技巧和灵活的开发工具，构建高质量且高效率的应用程序将是一项艰巨的任务。这是一个非常关键的限制因素，特别是考虑到这样一个事实：BSN 应用的开发人员可能是特定科学领域的专家（例如，生物学、医学和健身领域），而不是网络或嵌入式编程领域的专家。因此，很显然需要能够改进和简化 BSN 系统的开发、部署和维护过程的适当方法和抽象。

本章研究 BSN 编程中涉及的问题和挑战，并讨论采用高级编程抽象和软件工具的重要性，利用这些手段，开发人员能够在管理分布式和资源受限的嵌入式环境时克服种种困难。而且，它提供了最先进的中间件和编程框架，帮助开发者在 BSN 应用开发中重点关注实际能力，以及当前和未来所需的恰当功能。

2.2 开发 BSN 应用

尽管 BSN 领域已有十多年的研究历史，但编程的复杂性仍然在阻碍这类系统在实际应用中得到更广泛的传播。

若要在基于 BSN 的系统上开发软件，需要开发人员面对许多不同方面的编程问题，从有效管理传感器平台的非常有限的硬件资源（功耗、存储容量和计算能力），到将全球分布式的网络内应用行为转换为一组每节点的功能和交互通例。如果没有灵活的开发支持工具，那么在处理平台、网络和应用程序诸级别的实现和调试步骤时，很可能会导致在客户端应用程序准备好部署之前，出现耗时且容易出错的烦琐任务。

遗憾的是，尚未有一种标准和通用的方法，能够有效降低管理传感器平台和网络基础架构的例行工作的复杂性，从而达到用户对应用的高级需求。而且，由于提供给用户的功能和服务越来越高级，致使应用程序的复杂性不断增加，而将不同传感器架构与其他类型的设备集成的需求又导致进一步的挑战，即在更加不同类型和普遍的环境中平台缺乏互通性。

今天，典型的单用户 BSN 系统需要与其他计算范式和基础架构进行集成，才能建立更加智能和以人为中心的环境，并支持更为复杂的服务来改善人类福祉，对此，本书的部分章节将进行更深入的讨论。为适应这些新场景，需要开发增强型 BSN，而这就需要采用新颖的系统设计方法，这些方法基于高级别和更标准化的抽象，例如，面向智能体的 BSN（见第 6 章）、多 BSN 协作系统（第 7 章）、BSN 与建筑传感器网络的集成（第 8 章）以及支持云的可穿戴系统（第 9 章）。

截至今天，可以采用以下几种开发方法来构建 BSN 应用程序[1]：特定于应用程序和平台的编程、自动代码生成以及基于中间件的编程。

2.2.1 特定于应用和平台的编程

特定于应用和平台的编程是指开发针对特定目的而定制的应用程序。因为它们是专门用来满足特定需求，并完成明确定义的任务的，所以能够为在部署后实现高性能而对它们进行优化。通过标准编程语言（比如 C），并利用平台专用的应用程序编程接口（API），开发人员在特定操作系统或软件栈上实现他们的应用程序。通过这种方式，由于与嵌入式操作系统和硬件控制组件的直接交互，最终结果是一个由与网络协议事务以及其他服务紧密耦合的应用逻辑所组成的单独的软件程序。这样的设计策略虽然可以在功耗和计算性能方面产生高度优化的代码，但应用程序与底层支持软件之间的强耦合成为一个主要问题。这导致了专门用于完成固定任务的整段代码片段，并且通常只针对单个传感器平台，从而导致基础架构死板且很难重复使用，没有能被不同应用程序共享的便于重用的软件组件。虽然这种方法可能仍然是一种开发简单应用程序的可行解决方案，但如果没有适当的通用开发工具，很难实现当今的复杂系统。实际上，当前可用的平台 API 更倾向于把许多较为底层的相关方面留给开发人员，这些相关方面涉及硬件控制（例如访问板载传感器驱动程序）、事件处理，以及为有效使用稀缺节点资源而进行的节点内任务调度和代码优化。而且，某些操作系统原始状态下未将常见的 BSN 功能（即传感器配置和采样、多节点通信模式或分布式数据处理）作为现成、可定制的软件组件提供给开发者。结果，对全局应用逻辑的编码变成单个节点的行为，这意味着需要应付各种烦琐的任务，比如节点间的进程同步和数据完整性，以及为了交换和解析消息而与支持节点的网络协议进行明确的接口处理。因此，BSN 开发人员不得不花费大部分开发时间来实现独特例程，以处理各种底层细节，而不是专注于应用程序核心逻辑。由于实现过程受到特定传感器节点架构以及一组特定的传感器驱动程序的约束，因此，造成在需要使用不同平台的情况下，最终的代码不能重复使用，或不容易修改。

关于在传感器平台的操作系统上直接开发特定平台应用程序的困难和限制已经在参考文献［2］中做了调查。该文献特别关注了 TinyOS[3]、MANTIS[4] 和 Ember ZigBee 栈[5]。

关于 BSN 的早期工作主要集中在小型而简单的应用上，不存在相关的开发问题。但是，正如已经讨论过的那样，随着应用程序复杂性的逐渐增加，缺乏适当的高级编程工具成为一个严重的限制因素。尤其是近期有很多应用领域需要多个互连的基于互联网的传感器网络，这种网络需要更复杂的多平台应用，从而实现所声称的物联网范式（IoT）[6]。在不久的将来，更广泛、更强大的编程接口对于更好地支持无处不在的计算系统至关重要。基于这些考虑，人们对于能简化 BSN 应用程序开发的软件工具非常感兴趣。

2.2.2 自动代码生成

自动代码生成方法旨在使某个应用程序可用于不同传感器平台，而无须跟踪多个手动移植过程。取决于应用程序的复杂性，手动移植过程可能会非常耗时。这项技术包括通过定义明确的、独立于平台的建模语言来指定应用程序逻辑，其中，建模语言对任何与硬件和操作系统有关的底层细节做了抽象。随后，从定义好的高级抽象开始，用一个量身定制的翻译工具解释应用程序模型，并生成只能在特定硬件平台和操作系统上运行的源代码。因此，这种方法要求每种平台都有其自己的把高级建模结构翻译成低级编程语言应用程序的工具。这种方法最烦人的缺点在于，每当应用模型发生改变时，就需要重新编译，并且重新刷写每个单独的传感器节点固件，除非该平台支持远程无线（OTA）编程。

2.2.3 基于中间件的编程

基于中间件的编程使得开发人员可以加速和简化应用程序的开发过程，这得益于使用：①明确定义的高级抽象，为开发人员提供接口；②可提供适当的运行机制以实现这些抽象的中间件。

基于中间件的编程框架可以通过隐藏传感器平台的复杂性和异构性来支持整个应用程序的开发（包括部署、执行和维护），以便让开发人员的工作变得更便利，使得编程变得更简单，可重用代码变得更多，而且更容易维护。典型的框架解决方案通常包含以下组件（参见图 2.1）：

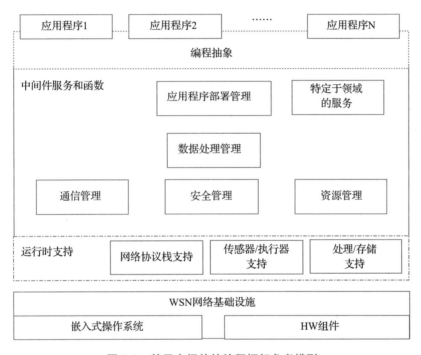

图 2.1   基于中间件的编程框架参考模型

1）编程抽象：它提供针对特定开发范式的编程接口和内置功能，以便更轻松地管理物理及基础软件资源（如存储、传感器、通信和操作系统）。由于最终的应用程序是以表示与 BSN 各种功能实现接口的明确定义所形成的高级结构来定义的，所以开发人员可以专注于应用程序逻辑，而不用处理底层机制的实现。

2）中间件服务和功能：它是一组可重用的例程，负责提供构成编程抽象的高级结构的实际实现。这些例程包括执行用户定义的应用程序时要用到的中间件公用的核心功能和网络机制。

3）运行时支持：充当为服务和功能提供支持的特定执行环境。在实际应用中，它负责执行中间件层与传感器平台（即嵌入式操作系统与硬件组件）之间的交互。

在 BSN 领域，基于中间件的开发方法正在获得越来越多的关注，而且目前被认为是最有效的方法，因为它在管理传感器的硬件、操作系统、网络协议栈的例程的复杂性与应用逻辑的需求之间架起了一座桥梁。因此，中间件通常被设计成在每个传感器节点上运行的分布式软件层，并负责向上层提供一组接口和服务，以此来隐藏底层系统架构的低级细节和相关的网络协议。特别是，它通过将高级编程抽象"翻译"成实际运行的函数的方式，来具体实现用户定义的应用程序，其中的函数用于（例如）在节点内和节点间提取、收集、处理和传输数据。同时，它还可能处理一些低级管理例行事务，以便持续地控制平台资源和网络状态，从而更好地协调操作，甚至根据当前的应用目标和需求来决定要采用的最佳协议。由于有所有这些好处，开发人员可以从烦琐而容易出错的任务中解脱出来，而把主要精力放在应用逻辑上，从而缩短整个应用程序的开发周期。

2.2.4　编程方法的比较

表 2.1 概述了以上各种应用程序开发方法的特点，尤其是考虑了实现时间（即从应用程序开发人员的角度来看）和运行时间等特征。

表 2.1　BSN 应用程序开发方法比较

	针对特定应用和特定平台的编程	自动代码生成	基于中间件的编程
高级应用程序建模		√	√
快速原型开发		√	√
易于调试		√	√
快速应用程序开发		√	√
应用程序在运行时的重配置			√
代码效率	√	√	√
系统互操作性			√
软件可重用性		√	√

如上所示，与使用低级编程语言和针对特定平台的 API 相比，基于中间件的框架编程能够在几个方面提升应用程序的开发效率。高效的代码是定制应用程序的强大实力，其代价是更长的实现和调试时间。当更快、更灵活的应用程序开发和部署过程变得更重要时，开发人员更倾向于依赖中间件和代码生成器，如果加以妥善地设计和实现，这些手段依然能够确保非常好的运行时性能，同时保持较低的开销。通过使用中间件层，应用程序的维护工作也会大大减少，这是因为中间件层通常支持用户应用程序的重新配置，而无须将更新重新刷写到每个单独节点的固件上。这是通过运行在节点上的中间件对消息进行适当解读来完成的，这样可以防止开发人

员物理地访问设备。相反，低级编程和基于代码生成器的方法不提供这样的特征，因为它们会生成新的固件，而这些固件需要在每个节点上被手动上传，除非传感器平台具备 OTA 编程功能。BSN 的另一个重要需求是系统互通性，也就是说，跨异构平台的不同应用程序之间的协作性能。在中间件环境中开发时，公用高级消息协议为此提供了最佳的支持，而在其他方法中，开发人员不得不付出更多的努力和时间才能达到类似的结果。最后，针对特定应用构建系统的设计策略会生成无法重用软件组件或基础架构的刚性软件架构。

2.3 编程抽象

如前所述，编程抽象为开发人员提供主要的接口，代表由运行在传感器网络基础架构上的中间件所支持的编程范式的基础。这些机制包括的一些高级结构可以用来定义各种操作（包括感知、传感器读取聚合和数据流控制）、计算和通信等。如果构造得当，这样的抽象可以将应用程序开发人员从直接处理烦琐的底层细节（比如资源管理、网络协议和电源管理等）中解脱出来。为了解决传感器网络编程问题，并支持快速有效的应用程序开发，在过去十年中，已经出现了很多针对传感器网络的框架，它们关注不同的应用方面。取决于应用的具体适用范围，每个框架都提供了明确定义的编程范式及其相关的高级抽象。在某种程度上，这些高级方法中的大多数也可用于构建 BSN 应用程序。但是，正如本章稍后将讨论的那样，BSN 系统提出了不同的挑战，需要满足更加具体的需求。因此，需要有为满足这些特殊需求而专门设计的恰当的编程范式和支持工具，以更好地挖掘 BSN 的潜力。

下面列出用于传感器网络的现有编程范式和相关支持框架：

1. 面向任务的范式（SPINE2[1, 7]、Titan[8] 和 ATaG[9]）：面向任务的方法旨在作为基本功能块和任务的组成部分，为开发分布式应用程序提供一种简单有效的方法。每个任务通常执行一个明确指定的操作，比如数据处理功能或传感器采样。通过这种面向数据流的互连任务链（从传感器到处理结果的数据流），开发人员能够快速将应用逻辑转换为高层次、模块化、易于重新配置的表示形式，然后通过作为运行在每个节点上的公共中间件层而提供的合适的运行时系统，在传感器网络上自动执行。这种直观的编程模型特别适合分布式信号处理，它代表 BSN 场景下的主要的应用。

2. 基于智能体的范式（MAPS[10-12]、AFME[13]、Agilla[14]、SensorWare[15] 和

actorNet[16]）：基于智能体的编程模型与多个理想的轻量级智能体关联，它们从一个节点迁移到另一个节点，执行特定任务的一部分，并且相互协作，以实现全局分布式应用。智能体可以读取传感器值，启动设备，并发送无线电数据包。用户无须定义每个节点的逻辑，而只需定义任意数量的智能体及其行为，并指定它们应该如何在网络上协作来完成所需的任务。按照这个模型，编程范式通过隐藏通信和移动的具体实现细节来为用户提供高级结构，以定义智能体的特征。这种范式允许开发人员构建分布式、模块化的应用程序，这样就可以利用可移动代码轻松完成重新配置和重新定位。

3. 基于函数的范式（SPINE[17]、C-SPINE[18, 19]、RehabSPOT[20]和CodeBlue[21]）：这些框架不基于特定形式的抽象数据或任务，它们为开发人员提供了可定制的函数，作为用于数据收集、处理和显示的主要编程接口。它们带有易于重用的库和工具，专门用来解决并标准化特定应用领域内基于传感器的系统设计的核心挑战。而且，因为没有用复杂的执行引擎来"翻译"高级抽象，所以采用了非常轻量级且灵活的中间件，来保证高水平的运行时性能。

4. 宏编程范式（ATaG[9]、Logical Neighborhoods[22]、Kairos[23]和Regiment[24]）：这种方法用于开发高度分布式的应用程序，因为它可以轻松定义整个传感器网络的全局行为，而不是单个节点的个别行为。这种方法曾经被设想用于处理由大量节点构成的WSN，在这种网络中，协调节点之间活动的复杂性使得很难通过有效的方法来设计应用程序。但是，当应用于BSN时，同样的有效性不能被考虑。宏编程通常具有一些语言结构，用于抽象嵌入式系统细节、通信协议、节点协作和资源分配。而且，它提供了一种机制，可以根据位置、功能和角色将传感器分成不同的逻辑组。这样，编程任务的复杂性就降低了，因为程序员只需指定组之间存在哪种协作，而底层执行环境负责把这些高级的概念性描述转化为实际的节点级操作。有了这些高级概念，任何编程不熟练的行业专家都可以利用他们熟悉的概念和术语来简单定义整个系统的行为，从而开发自己的应用程序。

5. 基于模型的范式[2]：它允许开发人员定义合适的模型来表示想要的应用程序行为。通常，这种方法包括使用明确定义的建模语言（如有限状态机和流程图），以及能够从模型开始生成针对特定目标平台的底层代码的工具。虽然在一些领域它代表了标准的方法（例如汽车电子产品），但其在WSN/BSN背景下的应用尚未经过广泛调查。

6. 应用驱动范例（MiLAN[25]）：属于该模型的中间件旨在根据需求和要求为应

用程序提供服务，特别是对于所收集数据的 QoS 和可靠性。它们允许程序员直接访问用于调整网络功能的通信协议栈，以支持和满足所请求的要求。

7. 数据库范例（TinyDB[26]、Cougar[27] 和 SINA[28]）：数据库模型让用户能够将整个传感器网络视为虚拟的关系型分布式数据库系统，允许在用户和网络之间使用简单易用的通信方案。通过采用易用的语言，用户能够进行直观的查询，从传感器提取感兴趣的数据。最常用的网络查询方法是利用类似 SQL 的语言，这是一种简单的半声明式语言。这种范式主要用于收集数据流，但其限制在于它仅提供近似结果。而且，它不支持实时应用（通常这是 BSN 中必需的），因为它缺少事件之间的时空关系。

8. 虚拟机范式（Maté[29]、DAViM[30] 和 DVM[31]）：虚拟机（VM）通常被需要在真正的主机上运行并模拟客户系统的软件采用。在 WSN 环境下，VM 用于帮助各种应用程序运行在不同的平台上，而不必担心底层架构特征。用户应用程序由一组通过 VM 执行环境解释的简单指令集进行编码。遗憾的是，这种方法会受到因指令解释而引入的性能开销的影响。

2.4　BSN 框架需求

尽管 BSN 应用多种多样，但它们会共享一些常见的任务，而在此之上可以实现特定于应用的逻辑。正确而明晰地辨识这些任务对于实现有效且可用的 BSN 编程框架至关重要。

表 2.2 总结了对研究项目和技术原型进行深入分析后的结果，以确定 BSN 应用程序普遍需要的一组非常重要的任务集。

表 2.2　BSN 应用程序的常用任务

任务	描述
传感器采样	传感器采样通常是 BSN 应用程序开发的第一步。每个应用程序都有不同的需求，而且每种生理信号都有各自的特征，所以适当调整传感器采样率是具有战略意义的，因为它最终会影响生成的原始数据总量和提取的信息的质量
节点内数据处理	模式识别和数据挖掘算法经常需要对原始数据做预处理，以提高其质量，并减少其数量。在推理得到更高层次的信息之前，通常需要在处理工作流中对原始信号进行滤波（例如，减轻噪声源的影响），并且提取特征。在节点内的和实时的特征提取是减少协调器上的无线传输流量和计算量的重要任务
运行时传感器配置	在运行时配置每个传感器节点非常有用，因为应用程序的需求可以在其执行期间发生改变，这样便于实现动态的应用程序行为。例如，在某些情况下，可能很容易降低一个特定传感器的采样率，甚至禁用其数据传输
节点同步	许多分布式信号处理算法都需要多个节点同步采样（即以相同的实际时间间隔采样），以确保数据观察和潜在事件的一致性。在这种情形下，节点时钟必须保持同步，以保持各个传感器信号的同步采样

（续）

任务	描述
工作周期	工作周期是一种仅在实际需要时激活硬件资源（通常是无线电、传感器和微控制器）的控制机制，用来减少功耗，从而增加传感器节点的电池寿命
应用程序级通信协议	随着应用程序复杂性的增加，传感器节点之间，以及传感器节点与协调器之间的交互变得多样化。例如，通信涉及传感器节点的发现 / 广告、激活及配置感知和处理的请求、原始和处理过的传感器数据的传输以及事件传递。在这种情况下，一个灵活的应用程序级通信协议能够更好地支持应用程序开发
高级处理	BSN 应用服务通常需要模式识别和分类算法，以对 BSN 产生的异步事件和周期性数据做出合理的解释，进而提取有意义的信息，并且挖掘出高级知识

表 2.2 中列出的任务应该由框架提供，用于 BSN 应用程序的开发，比如通过编程抽象和工具。此外，这样一个框架应该在有效性、效率和可用性等方面满足特定（功能和非功能）要求，以便确实能够在开发时间和应用程序编程复杂性方面投入更少的努力的情况下，就可以开发出结构良好且有效利用资源的应用程序。所生成的源代码应该更易于重用和维护，并且支持通过工具进行应用程序管理。对异构传感器平台的支持也很重要，因此，系统互操作性也是一项重要的需求。最后，隐私和安全是高度重要的要求，因为保护可识别和敏感的数据很重要，例如来自生理的、可能与医学相关的信号方面的数据。表 2.3 列出了上述 BSN 专用软件框架的基础需求。

表 2.3　BSN 框架需求

需求	高级技术
编程有效性	编程抽象，软件工程方法，调试和测试工具
系统效率	资源管理优化
系统互操作性	支持异构平台的应用程序级通信协议和适配器
系统易用性	用户友好的 BSN 管理，基于 PC 和移动电话的协调器
隐私支持	数据加密和 28 身份验证

1. 编程有效性是框架为应用程序编程、调试和测试提供有效而特定支持的能力。在实践中，它通过编程抽象、软件工程方法、调试和测试工具实现。进一步来讲：

- 编程抽象通过提供更高级的功能来帮助开发人员专注于核心应用，前面已经讨论过。在 BSN 开发领域，找到以下四方面内容是至关重要的：①可调整的传感器驱动程序（可能在运行时调整采样率、灵敏度和范围，或者仅启用 / 禁用多通道传感器的某些特定通道），②灵活的数据结构（以处理不同的数据类型），③灵活的通信 API（不同的应用程序在数据载荷方面通常需要不同的数据包长度和结构），④参数化处理功能（以便无须对它们的值进行硬编码即可设置功能参数)。

- 软件工程方法使用基于组件(类似对象)的方法支持快速 BSN 应用原型设计。一个软件框架应该提供大多数应用程序通用的预定义 BSN 专用组件;这将有助于开发人员在更短的时间内完成原型设计。这种常用组件的一个例子是用于清理或放大信号的信号滤波器(例如 FIR 滤波器)、用于减少数据传输量的特征提取器(例如,平均值、方差、过零点和信号斜率)、作为决策支持工具的分类算法(例如 k-NN、决策树),以及应用程序级通信协议(例如用于节点 / 服务发现、故障通知和用户数据传输的通信协议)。

- 调试和测试工具用于验证正在开发的应用程序的功能是否正确。调试工具有助于定位已知的错误应用程序行为的原因,而测试工具则有助于验证软件组件的正确性。它们可能包含在开发环境里面,并且由模拟器或单步调试器组成。

2. 系统效率用于定性地表示系统在供电、存储和计算资源管理方面的性能。内置的可调电源管理方案允许对性能、可靠性和系统寿命之间的权衡进行调整。电源管理旨在提高 BSN 寿命,这通常是通过无线电工作周期,传感器下采样,或通过禁用无线数据传输以支持本地存储等方式实现的。

3. 系统互操作性是指利用硬件 / 软件技术,在不同设备之间实现协作(即通信、分布式传感和处理)的能力。举例来说,互操作性场景包括:①基于不同的硬件架构,但使用相同编程语言在设备之间的网络构造以及通信;②同类 BSN 协调器之间的互操作性;③一个系统与异构类型设备互操作的极限能力(例如,通过套接字或 XML RPC 与 Internet 进行互通)。在实践中,可以利用应用程序级通信协议和支持异构传感器和协调器设备的通信适配器来实现它。

4. 系统可用性是一种(非功能性)属性,指的是便于设计人员、开发人员和最终用户使用的系统。它通常由图形或基于 API 的 BSN 管理工具支持,这些工具运行在远程协调器(PC 或移动设备)上。

5. 隐私支持是系统保护用户机密信息的能力。加密和身份验证功能使得系统能够保持此类信息机密性,并确保只有经过授权才能拥有访问权限。隐私保护是每个实际电子医疗应用的必要条件,并且只有当所有系统层都使用隐私策略时才能有效实现。

至于编程抽象,基于 2.3 节讨论过的内容,似乎没有任何一个抽象可以被认为是主要的。根据具体任务和 / 或背景，从结果来看，某种特定的解决方案相比于其他解决方案可能是更好的选择。它们中的大多数具有针对特定应用环境而专门设计的特殊功能，但是对更加通用的用途而言，它们缺乏有用的特性。例如，基于数据库方法的框架为数据聚合及查询提供了高级服务，但无法用于定义更通用的计算。因此，以数据为中心的模型并不适用于需要通过网络进行更复杂的协作式传感器数据处理的领域。在基于 BSN 的特定系统环境下，大多数这类框架不允许通过网络进行分布式数据流管理和处理。快速的应用程序重配置和平台独立性需要用 BSN 编程范式实现的两个基本要求。可重编程网络是支持快速而有效改变传感器节点行为的理想特性。像 Deluge[32] 和 TinyCubus[33] 这样的系统提供了通过无线电直接加载来更新代码的功能。不过，它们需要使用同类的硬件 / 软件平台；此外，代码传输是耗时且耗电的操作。VM 代表实现与平台无关行为的典型方法，它允许通过适当的指令开发应用程序，这些指令由传感器节点上运行的 VM 进行解释。遗憾的是，这种方法由于在解释指令过程中的开销，需要很高计算和存储资源，而且性能很差。此外，使用提供的指令编写应用程序并不快速，也不够直观（例如，Maté 提供了超过一百条指令），特别是在应用程序需要频繁更改的情况下。

2.5 BSN 编程框架

下文简要描述当前用于开发基于 BSN 的系统的主要框架和体系结构。

2.5.1 Titan

Titan（Tiny task network）[8] 是一个编程框架，旨在专门实现 BSN 上的动态环境识别。一个 Titan 应用程序由一张任务图表示，该图被定义为一组互连的基本模块，即任务，这些任务在传感器网络上由框架运行时系统执行。特别是，一旦定义了整个应用程序，任务网络就被划分成一组任务子网络，每个子网都被分配在单个节点上执行。如果两个任务放在不同的节点上，那么就利用自组通信协议通过信息交换的方式进行数据传输。每个任务仅在特定节点上映射和执行，除非它在执行期间变得不可用，例如，由于电量耗尽。在这种情况下，Titan 协调器会自动执行任务的重新分配，即从剩余的运行节点中选择一个具有足够资源的节点来完成对该特定任务的处理。中间件也负责基于先前定义的任务图来相应地为任务间通信重新寻址。Titan 为开发人员提供了预定义的任务库，每个任务库代表一种特定的操作，如传感器读取、处理数或分类算法。

2.5.2 CodeBlue

CodeBlue[21] 是一种传感器网络基础架构，专门用于支持医疗场景，包括从医疗中心室内监控到室外灾害应急管理等等。终极目标是通过持续提供来自一组可穿戴医疗传感器的患者信息，来有效地支持高度关键的决策支持系统（基于 TelosB[34] 和 MicaZ[35]）。构建在 TinyOS 之上的中间件平台旨在提供高级服务，例如自组路由、命名、发现和安全性，并且能够扩展到广泛的网络密度，从稀疏的临床环境到人员集中的急诊室站点。CodeBlue 主要专注于通信服务，它基于灵活的发布／订阅数据传输模型，用来为医疗设备之间的协调提供通用、可扩展和稳定的（在暂时失去无线电连接的情况下）信息平台。特别是，传感器会把重要数据发布到给定的频道，还会发布到订阅至所关注频道的协调设备（手持设备或笔记本电脑）。

2.5.3 RehabSPOT

RehabSPOT[20] 是一个基于 Sun SPOT 传感器节点的 BSN 平台[36]，用于促进理疗师的工作，改善患者的肢体康复治疗。RehabSPOT 基于三层可定制平台，具有自适应数据采集、在线处理和显示功能。特别是，可穿戴节点被组织成独立的网状网络（第一层），每个网络单独运行客户端软件。协调器（第二层，通常是 PC）通过形成星形拓扑网络、执行实时显示和在线处理的方式来管理节点。最后，互联网基础架构（第三层）用于将数据从协调器上传到远程服务器，进行离线分析。

2.5.4 SPINE

SPINE[17, 37] 是一个开源的 BSN 框架，用于有效开发分布式信号处理解决方案。它提供各种内置传感器驱动程序、信号处理功能和灵活的数据通信协议。而且，其架构允许轻松集成新的定制传感器驱动程序和处理功能。SPIN 目前支持最受欢迎的运行 TinyOS 的可编程传感器节点平台，即 Tmote Sky/TelosB、MicaZ 和 Shimmer[38]。此外，还有用于①基于 TI Z-Stack 的 ZigBee 设备，以及② Java Sun SPOT 传感器[36] 的 SPINE 实现。有关 SPINE 的更深入描述将在第 3 章中介绍。

2.5.5 SPINE2

SPINE2[1, 7] 从 SPINE 演化而来，是一个独立于平台的框架，它围绕面向任务的高级编程方法而设计。按照这种范式，可以按任务网络来定义信号处理应用程序，其中，每个任务（可从任务库中获得）表示特定的活动，比如感知操作、处理功能或者数据传输。通过用一组基本构建块来设计应用程序，能够更加快速地实现系统开发、运行时重新配置和更简单的软件维护。SPINE2 的软件架构遵循软件分层方法进行设计，由几个独立于平台的组件和一组访问具体平台资源和服务的依赖于平台的模块组成。这样就能够更容易、更快地将 SPINE2 移植到新的类 C 传感器平台。第 4 章将对 SPINE2 进行更深入描述。

2.5.6 C-SPINE

C-SPINE[18, 19] 是一个基于 SPINE 的编程框架，专门用于开发建立在协同 BSN（CBSN）之上的分布式应用程序。C-SPINE 架构包括 SPINE 传感器端和 SPINE 基站端软件组件，它通过增加特定的 CBSN 架构组件来支持多种服务，以提供 CBSN 间通信、BSN 接近检测、BSN 服务发现、BSN 服务选择和应用程序专用协议和服务，后者专门用于支持 BSN 间的协同计算和多传感器数据融合。第 7 章将描述 C-SPINE。

2.5.7 MAPS

MAPS[10-12] 是一个基于 Java 的编程框架，支持在传感器网络上的面向智能体编程。它已被广泛用于开发 BSN 专用系统，显示了这种编程方法的多功能性。MAPS 为开发人员提供了一组用于给智能体编程的基础服务，包括消息传输、智能体创建、智能体克隆、智能体迁移、定时器处理以及轻松访问传感器节点资源，而智能体的行为被建模为多平面状态机。MAPS 将在第 6 章中进行介绍，同时还会对用于开发 BSN 系统的面向智能体编程方法的益处进行更一般性的讨论。

2.5.8 DexterNet

DexterNet[39] 是应用于 BSN 的开源平台，支持通过异构可穿戴传感器在室内和室外环境进行可扩展、实时的人体监测。该软件平台有三层架构，包括：①人体传感器层（BSL），②个人网络层（PNL），③全球网络层（GNL）。前两层使用 SPINE 框架库实现，用于管理单个 BSN，而第三层允许多个 PNL 通过 Internet 进行通信，并支持用于远程数据记录和分析的更高级的应用。

2.6 总结

本章讨论了传感器网络中的编程问题，特别是关于在 BSN 上高效而有效构建应用程序的方法。我们首先介绍并比较了不同的开发方法，然后，通过强调其主要特性及其在 BSN 领域的适用性，重点关注了文献中提供的最常见的编程抽象。此外，还讨论了设计有效的 BSN 专用框架的需求。最后，简要介绍了目前可用于开发 BSN 应用的框架。

参考文献

1　Galzarano, S., Giannantonio, R., Liotta, A., and Fortino, G. (2016). A task-oriented framework for networked wearable computing. *IEEE Transactions on Automation Science and Engineering* 13 (2): 621–638. doi: 10.1109/TASE.2014.2365880.

2　Mozumdar, M.M.R., Lavagno, L., Vanzago, L., and Sangiovanni-Vincentelli, A.L. (2010). HILAC: A framework for hardware in the loop simulation and multi-platform automatic code generation of WSN applications. *2010 International Symposium on Industrial Embedded Systems (SIES)*, Trento Italy (7–9 July), pp. 88–97.

3　Levis, P., Madden, S., Polastre, J. et al. (2005). TinyOS: an operating system for sensor networks. *Ambient Intelligence*, (ed. W. Weber, J.M. Rabaey, and E. Aarts), 115–148. Berlin/Heidelberg: Springer.

4　Bhatti, S., Carlson, J., Dai, H. et al. (2005). MANTIS OS: an embedded multithreaded operating system for wireless micro sensor platforms. *Mobile Network Application* 10 (4): 563–579.

5　EmberZ StackWebsite. http://www.silabs.com/products/development-tools/software/emberznet-pro-zigbee-protocol-stack-software (accessed 6 June 2017).

6　Kortuem, G., Kawsar, F., Fitton, D., and Sundramoorthy, V. (2010). Smart objects as building blocks for the Internet of things. *IEEE Internet Computing* 14 (1): 44–51.

7　Raveendranathan, N., Galzarano, S., Loseu, V. et al. (2012). From modeling to implementation of virtual sensors in body sensor networks. *IEEE Sensors Journal* 12 (3): 583–593.

8　Lombriser, C., Roggen, D., Stager, M., and Troster, G. (2007). Titan: a tiny task network for dynamically reconfigurable heterogeneous sensor networks. In *Kommunikation in Verteilten Systemen (KiVS)*, 127–138. New York: Springer.

9　Bakshi, A., Prasanna, V.K., Reich, J., and Larner, D. (2005). The abstract task graph: a methodology for architecture-independent programming of networked sensor systems. *Proceedings of the 2005 Workshop on End-to-End, Sense-and-Respond Systems, Applications and Services*, Seattle, WA (5 June 2005), pp. 19–24.

10　Aiello, F., Fortino, G., Gravina, R., and Guerrieri, A. (2011). A Java-based agent platform for programming wireless sensor networks. *The Computer Journal* 54 (3): 439–454.

11　Aiello, F., Bellifemine, F., Fortino, G. et al. (2011). An agent-based signal processing in-node environment for real-time human activity monitoring based on wireless body sensor networks. *Journal of Engineering Applications of Artificial Intelligence* 24: 1147–1161.

12　Aiello, F., Fortino, G., Gravina, R., and Guerrieri, A. (2009). MAPS: a mobile agent platform for Java Sun SPOTs. *Proceedings of the 3rd International*

Workshop on Agent Technology for Sensor Networks (ATSN-09), jointly held with the *8th International Joint Conference on Autonomous Agents and Multiagent Systems (AAMAS-09)*, Budapest, Hungary (12 May 2009).

13 Muldoon, C., O'Hare, G.M.P., Collier, R.W., and O'Grady, M.J. (2006). Agent factory micro edition: a framework for ambient applications. *Proceedings of Intelligent Agents in Computing Systems*, ser. Lecture Notes in Computer Science, vol. 3993 (28–31 May 2006), pp. 727–734. Reading: Springer.

14 Fok, C.-L., Roman, G.-C., and Lu, C. (2009). Agilla: a mobile agent middleware for self-adaptive wireless sensor networks. *ACM Transactions on Autonomous and Adaptive Systems* 4 (3): 16:1–16:26.

15 Boulis, A., Han, C.-C., and Srivastava, M.B. (2003). Design and implementation of a framework for efficient and programmable sensor networks. *Proceedings of the 1st International Conference on Mobile Systems, Applications and Services*, San Francisco, CA (5–8 May 2003), pp. 187–200.

16 Kwon, Y., Sundresh, S., Mechitov, K., and Agha, G. (2006). ActorNet: an actor platform for wireless sensor networks. *Proceedings of the 5th International Joint Conference on Autonomous Agents and Multiagent Systems (AAMAS)*, Hakodate, Japan (8–12 May 2006), pp. 1297–1300.

17 Fortino, G., Giannantonio, R., Gravina, R. et al. (2013). Enabling effective programming and flexible management of efficient body sensor network applications. *IEEE Transactions on Human-Machine Systems* 43 (1): 115–133.

18 Fortino, G., Galzarano, S., Gravina, R., and Li, W. (2014). A framework for collaborative computing and multi-sensor data fusion in body sensor networks. *Information Fusion* 22: 50–70.

19 Augimeri, A., Fortino, G., Galzarano, S., and Gravina, R. (2011). Collaborative body sensor networks. *Proceedings of the 2011 IEEE International Conference on Systems, Man, and Cybernetics (SMC)*, Anchorage, AL (9–12 October 2011), pp. 3427–3432.

20 Zhang, M. and Sawchuk, A. (2009). A customizable framework of body area sensor network for rehabilitation. *Second International Symposium on Applied Sciences in Biomedical and Communication Technologies (ISABEL)* (24–27 November 2009), pp. 1–6.

21 Malan, D., Fulford-Jones, T., Welsh, M., and Moulton, S. (2004). Codeblue: an ad hoc sensor network infrastructure for emergency medical care. *Proceedings of the International Workshop on Wearable and Implantable Body Sensor Networks*, London, UK (6 and 7 April 2004).

22 Mottola, L. and Picco, G.P. (2006). Logical neighborhoods: a programming abstraction for wireless sensor networks. In: *Distributed Computing in Sensor Systems* (ed. P.B. Gibbons, T. Abdelzaher, J. Aspnes, and R. Rao), 150–168. Berlin/Heidelberg: Springer.

23 Gummadi, R., Kothari, N., Govindan, R., and Millstein, T. (2005). Kairos: a macro-programming system for wireless sensor networks. *Proceedings of the twentieth ACM symposium on Operating Systems Principles*, Brighton, UK (23–26 October 2005), pp. 1–2.

24 Newton, R., Morrisett, G., and Welsh, M. (2007). The regiment macroprogramming system. *Proceedings of the 6th International Conference on Information Processing in Sensor Networks*, Cambridge, MA (25–27 April 2007), pp. 489–498.

25 Heinzelman, W.B., Murphy, A.L., Carvalho, H.S., and Perillo, M.A. (2004). Middleware to support sensor network applications. *IEEE Network* 18 (1): 6–14.

26 Madden, S.R., Franklin, M.J., Hellerstein, J.M., and Hong, W. (2005). TinyDB: an acquisitional query processing system for sensor networks. *ACM Transactions on Database Systems* 30 (1): 122–173.

27 Bonnet, P., Gehrke, J., and Seshadri, P. (2000). Querying the physical world. *IEEE Personal Communications* 7 (5): 10–15.

28 Srisathapornphat, C., Jaikaeo, C., and Shen, C.-C. (2000). Sensor information networking architecture. *Proceedings 2000. International Workshops on Parallel Processing*, Tokio, Japan (14 September 2000), pp. 23–30.

29 Levis, P. and Culler, D. (2002). Maté: a tiny virtual machine for sensor networks. *SIGOPS Operating Systems Review* 36 (5): 85–95.

30 Michiels, S., Horré, W., Joosen, W., and Verbaeten, P. (2006). DAViM: a dynamically adaptable virtual machine for sensor networks. *Proceedings of the International Workshop on Middleware for Sensor Networks*, New York, pp. 7–12.

31 Balani, R., Han, C.-C., Rengaswamy, R.K. et al. (2006). Multi-level software reconfiguration for sensor networks. *Proceedings of the 6th ACM & IEEE International conference on Embedded Software*, Seoul, Republic of Korea (22–27 October 2006), pp. 112–121.

32 Hui, J.W. and Culler, D. (2004). The dynamic behavior of a data dissemination protocol for network programming at scale. *Proceedings of the 2nd International Conference on Embedded Networked Sensor Systems*, Baltimore, MD (3–5 November 2004), pp. 81–94.

33 Marron, P.J., Lachenmann, A., Minder, D. et al. (2005). TinyCubus: a flexible and adaptive framework sensor networks. *Proceeedings of the Second European Workshop on Wireless Sensor Networks, 2005*, Istanbul, Turkey (31 January–2 February 2005), pp. 278–289.

34 TelosB Datasheet. http://www.memsic.com/userfiles/files/Datasheets/WSN/telosb_datasheet.pdf (accessed 11 June 2017).

35 Mica2 Datasheet. https://www.eol.ucar.edu/isf/facilities/isa/internal/CrossBow/DataSheets/mica2.pdf (accessed 5 June 2017).

36 Sun SPOT Website. www.sunspotdev.org (accessed 13 June 2017).

37 Bellifemine, F., Fortino, G., Giannantonio, R. et al. (2011). SPINE: a domain-specific framework for rapid prototyping of WBSN applications. *Software: Practice and Experience* 41 (3): 237–265. doi: 10.1002/spe.998.

38 Shimmer Website. www.shimmersensing.com (accessed 14 June 2017)

39 Kuryloski, P., Giani, A., Giannantonio, R. et al. (2009). DexterNet: an open platform for heterogeneous body sensor networks and its applications. *Sixth International Workshop on Wearable and Implantable Body Sensor Networks, 2009. BSN 2009*, Berkeley, CA (3–5 June 2009), pp. 92–97.

节点环境内的信号处理

3.1 介绍

对 BSN 领域最新技术的分析表明 BSN 应用程序的开发迄今为止依然是一项复杂的任务，造成这一现状的原因还包括缺乏可对 BSN 系统的独特需求提供专门支持的编程框架。

为支持优化的 BSN 应用程序编程，同时最大限度地减少开发时间和工作量，我们设计并实现了 SPINE（Signal Processing In-Node Environment，节点环境内的信号处理）[1-3]，这是一个开源的、领域专用的 BSN 编程框架。

SPINE 旨在促进 BSN 应用的原型设计。SPINE 能够通过其处理函数库，高效实现用于传感器数据的分析和分类的信号处理算法。它被组织成两个相互作用的宏组件，此二者分别在商用可编程传感器设备和个人协调器（Android 智能手机和平板电脑，或个人电脑）上实现。这些设备之间的通信是无线的，使用蓝牙或 IEEE 802.15.4 标准。高级 SPINE API（在协调器层级）允许动态和灵活地配置可从传感器节点层级获得的感知和处理功能。许多生物物理传感器和信号处理任务是已经实现好的，可供应用程序开发人员使用。另外，SPINE 框架经过精心设计，可以非常方便地集成用户定制的新传感器驱动程序和处理任务。采用 SPINE 的一个主要优势是其基于特定感知和处理需求对 BSN 系统进行配置的能力，通过这种方式，相同的传感器可以被不同的应用程序使用，而无须在从一个应用程序切换到另一个应用程序之前进行离线重新编程。

3.2 背景

TinyOS[4] 是一款事件驱动的操作系统，它为嵌入式系统提供编程环境。它有一个基于组件的执行模型，该模型用 nesC 语言[5]实现，占用内存非常少。

TinyOS 并发模型基于命令、异步事件、称为任务的延迟计算和分阶段接口。在 TinyOS 提供的接口中，函数调用（作为命令）及其完成动作（作为事件）被分为两个阶段。应用程序用户必须编写处理程序，该处理程序在事件触发时被调用。命令和事件处理程序可能发布一个任务，这个任务由 TinyOS 的 FIFO 调度程序执行。这些任务相互之间是非抢占式的，因此都可以完成执行。只有（异步）事件才能抢占正在运行的任务。因抢占而产生的数据争用冲突可以使用不可分割的原子部分来解决。

TinyOS 中的无线电通信遵循 Active Messages[6] 模型，在这个模型中，网络上的每个数据包都会指定将要在接收节点上被调用的处理程序的 ID。处理程序 ID 是消息头携带的一个整数。收到消息时，与处理程序 ID 关联的事件就会收到通知。不同的传感器节点可以用相同的处理程序 ID 来关联不同的接收事件。

3.3　动机和挑战

作为一款特定于领域的 BSN 中间件（MW），SPINE 的开发动机源于以下需求：提供比纯粹的定制应用程序编程更有效的解决方案，以及提供比通用目的的编程框架更有效的方法。已经证明，在 BSN 领域中，领域专用框架有助于缩短开发周期和维护成本，因为它们提供了对网络协议和硬件细节的高级抽象，使程序员能够重点关注应用程序逻辑，而无须承受实际上并没有在 BSN 域中使用（例如，多跳支持）的通用功能的开销负担。

SPINE 设计过程中面临的主要挑战是在高级 API 定义（即在 BSN 编程领域满足需求）与资源严重受限的感知设备所产生的限制之间找到最有效的权衡。

3.4　SPINE 框架

SPINE 是一个成熟且可扩展的解决方案，可以对基于 BSN 的应用和系统进行快速原型设计。通过支持多个生理传感器、节点内和协调器上的信号处理程序、生物信号的无线传输以及经过优化的内置网络和资源管理功能，SPINE 可以快速实现能够进行分布式信号处理的密集型应用程序。SPINE 采用模块化结构，以简化与其他传感器驱动程序和信号处理模块的集成，此外，框架本身可以通过简单的机制进行裁剪和定制，以便根据具体应用要求将所有的传感和处理模块结合在一起。采用 SPINE 的一个主要优势是其基于特定的感知和配置需求对 BSN 系统进行配置的能力，以这种方式，相同的传感器可以用在不同的应用程序中，而无须在从一个应用程序切换到另一个应用程序之前进行离线重新编程。SPINE 支持在概念上以星形拓扑结构组织的 BSN 网络，其中，传感器节点代表边缘，协调器单元作为星形拓扑网络的中心。节点到节点的直接通信也成为可能，尽管预定义的处理功能并不需要这种功能。值得注意的是，SPINE 设备在应用程序级的协议之上进行通信，因此，原则上可以使用多跳网络层来实现这样的系统——该系统基于协调器和节点之间大于一跳距离的物理网络。

下文描述 SPINE 的软件架构，还有它的高级数据处理模块，最后讨论其对传感器和协调器设备平台的异构支持。

3.4.1　架构

SPINE 架构的高层表示如图 3.1 所示。SPINE 中间件的一部分在协调器设备上，另一部分则位于可穿戴传感器上。中间件在协调器和传感器节点上均提供 API，用于开发最终依赖与平台无关的通信协议层的应用程序。这个协议表示一个抽象层，包括各种依赖于平台的通信适配器，该适配器在协调器上动态加载，而在传感器节点层进行编译时链接。

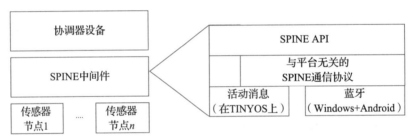

图 3.1　SPINE 中间件架构

图 3.2 和 3.3 分别显示 SPINE 节点和 SPINE 协调器组件的架构。前者用专用传感器平台的嵌入式编程语言实现，并放置在每个 BSN 传感器节点上；后者用 Java 实现，并在协调器设备上运行（SPINE 协调器的 Android 移植版也已实现）。

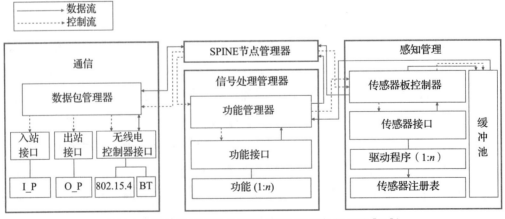

图 3.2　SPINE 节点软件架构（图片来自参考文献［2］）

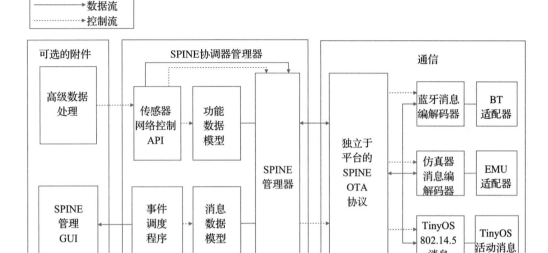

图 3.3 SPINE 协调器软件架构（图片来自参考文献［2］）

SPINE 节点（见图 3.2）由四个主要组件构成：

- 传感器节点管理器，用于处理感知管理、信号处理和通信模块之间的交互；它从远程协调器向对应的模块发送请求。

- 通信，用于处理消息的接收 / 发送，并控制无线电的工作周期。它由入站数据包解码器（即服务发现、启动和重置计算请求、建立功能请求、功能激活 / 停用请求和建立感知请求）和出站数据包编码器（即服务广告、缓冲的传感器读取、处理后数据消息以及确认数据包）组成。任何数据包最初都由无线电控制器模块处理，该模块提供独立于具体底层无线电芯片适配器的通用接口。

- 感知管理（或传感器板控制器），它是为节点上可用的物理传感器提供通用接口的组件。它允许执行一次性的传感器数据读取，并为周期性采样设置定时器。该组件通过参数化的传感器接口列表，提供对所有受支持的传感器驱动程序的简单和独立于硬件的访问（SPINE 目前支持 3D 加速度计、2D 陀螺仪、4 导联心电图、呼吸率、GSR、肌电图、可见光和红外光、湿度和环境温度）。选择这种设计的动机是基于对高度模块化和高效定制的需求，以便于方便地支持异构感知资源。传感器读数存储在缓冲池中，缓冲池（BufferPool）是一种与信号处理模块共享的数据结构。缓冲池内部组织为多个循环缓冲区，提供两种访问传感器数据的机制：（i）根据请求，使用 getter 函数；（ii）通过事件监听器，监听器必须由感兴趣的组件（例如信号处理模块）注册，以便在新的传感器数据可用时能够及时得到通知。感知管理还有一个共享的传感器注册表，每个传感器驱动程序在程序引导时自行注册到这个注册表。该注册表在运行时被其他组件访问，以检索该特定节点上实际可用的传感器列表。

- 信号处理，它使用一个称为功能管理器的功能块，该功能块负责处理一组可定制和可扩展的信号处理功能，比如数学集成器（一些特征值，例如最大值、最小值、幅度、平均值、标准偏差、信号能量和熵）、基于阈值的触发器（也称为警报器）以及过滤器。这些处理功能可以任意地应用于任何传感器数据流。功能管理器引擎使用基于一组参数化功能接口的高效设计方法，为任意类型的处理任务提供通用的抽象。信号处理模块从缓冲池中检索传感器数据，并通过与传感器节点管理器和数据包管理器进行交互，把处理结果发送到协调器单元。

SPINE 协调器（见图 3.3）由两个主要组件构成：

- 通信，具有与传感器节点上相应组件类似的功能；它在运行时根据所需的网络堆栈加载相应的无线电模块适配器。它从依赖于所选平台的实际网络活动中抽象出协调器和传感器节点之间的逻辑交互。这种抽象是通过将通信接口与其依赖于平台的实现层进行解耦来实现的。
- SPINE 协调器管理器，它是最上面的一个层级，每个 SPINE 应用程序都要依赖这一层。它由传感器网络控制 API（参见表 3.1）和事件调度程序组成。前者是由最终用户应用程序开发人员使用的接口，用于管理底层 BSN（例如，配置传感器并启用节点上的信号处理），而后者则负责将事件（例如，新节点的发现和数据消息的到达）分派给由 SPINE 应用程序实现的已经注册的监听器。

表 3.1　在协调站由 SPINE 显露的 API

功能	描　　述
discoveryBsn	查询节点发现和支持的感知和处理功能
setupSensor	允许为多个传感器单独指定采样率
setupFunction	设置可用处理功能的初步配置
activateFunction	启用一个或多个节点内（基于周期或触发器）信号处理功能的执行
startBsn	向 BSN 发出广播消息，命令同步启动先前设置和启用的传感和处理功能
resetBsn	向 BSN 发出广播消息，命令同步重置节点

（续）

事件	描　　述
newNodeDiscovered	当发现新的 BSN 节点时，通知已注册的 SPINE 侦听器
discoveryCompleted	当 BSN 发现过程终止时，通知已注册的 SPINE 侦听器
dataReceived	当协调器收到从指定节点发送的新用户数据时，通知已注册的 SPINE 侦听器
serviceMessageReceived	当协调器收到特定节点发送的服务消息（例如警告或错误通知）时，通知已注册的 SPINE 侦听器

3.4.2　程序设计视角

从编程的角度来看，为便于 BSN 管理，SPINE 提供了一个直观的 Java API（在第 12 章中介绍），能够轻松支持节点发现、感知操作、信号处理和数据通信。除了几个传感器本身支持和预定义的处理功能外，SPINE 还支持进行非常简单的框架裁剪（即定制和扩展）。

3.4.3　可选的 SPINE 模块

SPINE MW 还可用只在协调器节点上才有的"可选附件"模块进行完善；尽管不是其核心架构的一部分，但它们代表了重要的方面：

- 高级数据处理，提供先进的信号处理和模式识别功能。它通过高度通用的用于数据预处理、特征提取和选择、信号处理和模式分类的接口，来支持复杂应用的设计和实现。它支持在分析和数据挖掘环境中将 SPINE 与诸如自动网络配置和聚合数据收集等功能进行集成。它包括一个预定义的桥，可连接到 WEKA[7]（一种开源数据挖掘工具包），使其能够直接在 SPINE 中使用 WEKA 的强大算法。
- SPINE 管理 GUI，包含一个可视化编程工具，用于配置基于 SPINE 的 BSN 而无须手动编码。根据我们的经验，它在初始的系统测试期间非常有用。其 PC 和 Android 实现的屏幕截图分别如图 3.4 和 3.5 所示。

3.4.4　高级数据处理

高级数据处理模块是一个可选的 SPINE 插件，它通过额外的信号处理和决策支持算法（例如，信号滤波器、模式识别、分类等）来增强核心框架功能。该模块可在协调器级别使用，并且能够在从传感器数据采集到分类这样的典型信号处理工作流中提供强大的支持（见图 3.6）。

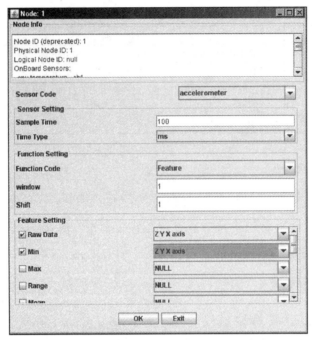

图 3.4 SPINE 管理 GUI 的 Java 桌面实现（传感器节点配置对话窗口）

图 3.5 SPINE 管理 GUI 的 Android 实现（传感器和功能配置对话窗口）

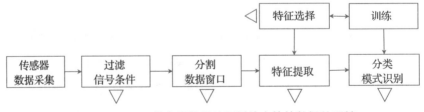

图 3.6 SPINE 的高级数据处理插件支持的数据处理链

高级数据处理组件的分层表示如图 3.7 所示。SPINE 在该模块和底层 BSN 之间充当中间件层。在 SPINE 之上，放置了一组转换器，用来把 SPINE 的数据表示转换为更抽象的对象、数据集和信号。这样，数据挖掘和机器学习工具就可以清晰地处理 BSN 数据，因为该模块还可以生成符合 WEKA 标准的逗号分隔值格式（CSV）和属性关系文件格式（ARFF）的文件。最后，一组功能封装器进一步支持在 SPINE 应用程序开发期间快速实现所需的常见任务。下面详细描述该模块的典型用途。

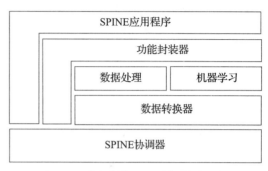

图 3.7　高级数据处理分层软件架构

BSN 感知数据使用 SPINE 进行检索，并将其转换为更方便的数据结构（信号和数据集对象，取决于应用程序的具体需求）。然后，开发人员可以对输入信号有选择地应用过滤和分段。也可使用特征提取算法，当 SPINE 提供的节点内特征提取功能未启用时（即 SPINE 用于获取原始传感器信号），它们会非常有用。为支持初始问题分析，提供了几种特征选择算法，来识别所提取的特征中最重要的子集，以达到令人满意的分类准确性。最后，广泛支持分类阶段，包括训练。一些算法已经实现，并且随时准备派上用场，此外，尤其是可以选择是否对使用 WEKA 库提供支持，所以开发人员可以进一步集成更多的分类器。

3.4.5　多平台支持

SPINE 支持多种多样的硬件平台、传感器、编程语言和操作系统，这些特性使得这个框架适用于各种应用场景（如智能健康和电子健身），其中，由于具体要求，可能只会使用某些特定的硬件 / 软件传感器平台。

SPINE 支持最常见的传感器节点类型。所实现的 TinyOS 在 MicaZ、TelosB 和 Shimmer /2/2R[8] 上运行（对于后者，SPINE 支持 IEEE 802.15.4 和蓝牙无线电）。该实现包括一个使用 CC2420 无线电的硬件 AES-128 加密技术的安全功能。此外，还存在针对 ZigBee 设备的 SPINE 实现（如配备有 CC2530 片上系统的意大利电信"Bollino"）这些实现基于德州仪器 Z-Stack 和 Java 的 Sun SPOT 节点[9]。SPINE 还特别为几种物理传感器感知器件提供原生支持，包括加速度计、陀螺仪、心电图、电阻体积描记、温度、湿度和光照。

除了默认支持的传感器和平台外，SPINE 还很容易进一步集成其他传感器的驱动程序，甚至增加对新平台的支持。处理功能也是如此：很容易集成其他特征提取器（甚至简单的分类器算法）。

在协调器级别，SPINE 支持不同类型的移动和桌面设备，如表 3.2 所示。最初，通过 SPINE Java SE 实现可以支持基于 Windows 和 Linux 的计算机。然而，随着智能手机和平板电脑的普及，已经具有足够的计算和存储能力来支持移动健康应用和（几乎）持续的互联网连接（利用这样的计算和存储能力，就可以将原始信号和高级信息传输到远程服务器或云端）。因此，我们付出了巨大的努力来获得移动 SPINE 协调器，因为在持续使用、户外移动性需求下，以及在不可能依赖固定的基础架构时，它们特别有用（有时是绝对必要的）。实际上，该框架的 JavaME 移植已经实现。有限的 QT 实现也可以在 Symbian 和 Windows 智能手机上运行，这样，就能够通过使用第三方 QBluetooth 库与 Shimmer 节点进行蓝牙通信。最后，最重要的是，最近 SPINE 的 Android 实现已经完成开发。SPINE Android 已经在几种设备（已经通过蓝牙连接到 Shimmer 节点）上经过评估。

表 3.2　经过 SPINE 测试的移动个人设备

设备	CPU	RAM（MB）	杂项
HTC Nexus One	1GHz, Snapdragon QSD 8250	512	Android 2.x., MicroSD，最高 32GB
Samsung Galaxy S	1GHz, ARM Cortex-A8 双核	512	Android 2.x., MicroSD，最高 32GB
Samsung Galaxy S4	1.9GHz, Snapdragon 600 四核	2048	Android 4.4.2., MicroSD，最高 64GB
Huawei P8	四核 2.0GHz Cortex-A53e+ 四核 1.5GHz Cortex-A53	3096	Android 6.0, MicroSD，最高 128GB
Samsung Tab2 10.1	1.0GHz, ARM Cortex A9 双核	1024	Android 4.0.3., MicroSD，最高 32GB
Samsung Note3	2.3GHz, Snapdragon 800 四核	3096	Android 4.4.2., MicroSD，最高 64GB
Nokia N95	332MHz, TI OMAP 2420（基于 ARM11）	128	Symbian OS v9.2, S60 rel. 3., MicroSD，最高 32GB
Nokia 6120	369MHz, ARM11	64	Symbian OS v9.2, S60 rel.3.1., MicroSD，最高 8GB

最后，SPINE 提供了一个基于 Java 的、虚拟通用传感器节点的仿真环境。使用此工具，可以模拟基于 SPINE 的 BSN，前提是每个节点都有一个数据集。因此，每个模拟节点都配有由给定数据集定义的模拟传感器。该 SPINE 模拟器在多种情况下都很有益，例如，若要简化测试和调试，最初可以在模拟环境中实现处理功能。此外，模拟器和简单的数据集，已经在开源社区发布，从而允许感兴趣的开发人员探索 SPINE 框架自身的潜力，即使他们并没有使用真实的无线传感器节点。

3.4.6　总结

本章专门介绍 SPINE，它是一个特定于领域的编程框架。SPINE 的主要目标是为 BSN 开发人员进行快速原型设计和信号处理应用提供支持。在 SPINE 中，可以独立配置一些传感器和常用处理功能，例如数学聚合器和基于阈值的报警，并且能够在运行时基于外部控件将它们任意连接在一起。

因此，SPINE 的主要成就之一是重用软件组件，这使得不同的最终用户应用程序在运行时能够基于特定于应用的需求来配置传感器节点，而无须在从一个应用程序切换到另一个应用程序时进行离线重编程。此外，由于采用了基于组件的模块化设计方法，SPINE 可以在极大程度上实现异构性：支持各种各样的硬件平台、传感器、编程语言和操作系统。这使其在不同的 BSN 应用场景中成为一个非常灵活和可用的框架，其中，由于具体要求，只有某些平台或操作系统可能会被使用。

参考文献

1 Bellifemine, F., Fortino, G., Giannantonio, R. et al. (2011). SPINE: a domain-specific framework for rapid prototyping of WBSN applications. *Software: Practice & Experience* 41 (3): 237–265.

2 Fortino, G., Giannantonio, R., Gravina, R. et al. (2013). Enabling effective programming and flexible management of efficient body sensor network applications. *IEEE Transactions on Human-Machine Systems* 43 (1): 115–133.

3 SPINE Website. http://spine.deis.unical.it (accessed 8 June 2017).

4 Tinyos Website. www.tinyos.net (accessed 14 June 2017).

5 Gay, D., Levis, P., von Behren, R. et al. (2003). The NesC language: a holistic approach to networked embedded systems. *ACM SIGPLAN Notices* 38 (5): 1–11.

6 Von Eicken, T., Culler, D., Goldstein, S.-C., and Schauser, K.-E. (1992). Active messages: a mechanism for integrated communication and computation. *Proceedings of the 19th Annual International Symposium on Computer Architecture, ISCA'92*, Queensland, Australia (19–21 May 1992), pp. 256–266. ACM Press.

7 Holmes, G., Donkin, A., and Witten, I., Weka: a machine learning workbench. *Proceedings of the 2nd Australia and New Zealand Conference on Intelligent Information Systems, ANZIIS'94*, Brisbane, Australia (29 November–2 December 1994), pp. 1269–1277. IEEE Press.

8 Shimmer Website. www.shimmersensing.com (accessed 5 June 2017).

9 SunSPOT Website. www.sunspotdev.org (accessed 10 June 2017).

BSN 中的面向任务编程

4.1 介绍

第 3 章中描述的 SPINE 框架提供了一种有效解决方案，可以简单快速地为 BSN 开发高度定制的信号处理应用程序。通常将 SPINE 支持的节点内处理应用程序定义为三层任务链：①获取来自传感器的原始数据流；②对数据流运行处理函数，以提取特定的特征；③将经过处理的数据传输到基站，用于进一步计算。

但是，某些信号处理应用程序需要对此方法进行扩展，以完全满足对更复杂的感知和处理组合任务的需求。因此，在重新设计的 SPINE 框架中加入了以任务为中心的编程模型，称为 SPINE2[1]。SPINE2 的设计初衷并不是作为 SPINE 1.x 版本的替代品，事实上它旨在成为另一种应用程序设计工具，能够以一种不同的方法将开发人员的高层次意图转换为部署在 BSN 上的实际可执行程序。这种以任务为导向的方法希望借助其直观和图形化的设计模型，为开发分布式信号处理应用程序提供一种简单有效的方法。它为开发人员带来了广泛的好处，例如对传感器平台及其操作系统的底层细节，以及管理节点之间通信的复杂性进行抽象的优势。而且，一个独立于平台的中间件简化了代码的可重用性和可移植性，以及应用程序在不同类型嵌入式环境下的互操作性，与此同时，并没有忽视对执行效率和稳定性的严格要求。

本章介绍 SPINE2 编程范式，以及传感器节点上运行的底层分布式中间件的软件架构。通过 SPINE2，我们展示了如何以易于实现的嵌入式过程的形式实现相当复杂的信号处理应用程序。

4.2 背景

为基于 BSN 的系统开发应用程序的主要限制在于，需要适当的设计和编程技巧，才能成功应对嵌入式设备底层的各方面细节。此外，应用程序开发更具挑战性，而且更为耗时，这是因为最常用的传感器平台提供的资源环境非常有限。遗憾的是，这样一项艰巨的任务妨碍了那些没有软件开发背景的 BSN 领域专家对建立应用程序做出直接的贡献。因此，人们非常希望能有一种合适的高层次开发范式来隐藏底层的编程问题，从而使得任何在编程方面很差，或者根本没有编程经验的人，能够独立地通过关注所需的算法，来对他们自己的应用程序进行原型设计和测试。这种期待的范式应该有一组良好定义的结构，以便更快地完成应用程序定义，同时具备更高的组件可重用性和最小化的维护过程。

这就需要采用抽象、易于使用和完全可配置的功能块，它们应该允许快速实现 BSN 应用程序所需的最常见的操作集。应用程序之间的互操作性和互连（可能由不同用户定义）也应该是高级开发框架支持的一部分功能。这通常通过定义常见的更高级别的通信协议来实现，这些协议独立于由特定传感器平台支持的实际的底层协议。而且，它的范式规则应该强烈促进在运行时实现更简单的应用程序重配置这一潜在好处，从而为动态重编程提供内置机制，而不用直接访问已部署的设备。

在 BSN 环境中采用众所周知的基于任务的范式的想法来自需要找到更好的方法，能够通过易于理解的高层次范式来满足所有这些要求，而且这样的范式能够①有效而高效地从特定硬件和网络的细节中进行抽象，②提供专门致力于定义分布式信号处理应用程序的结构。

4.3　动机和挑战

4.3.1　对独立于平台的中间件的需求

如果应用程序甚至在不同的异构传感器设备上都有可能进行交互，则其互操作性就能够完全实现。这就意味着，需要一个能够透明地支持多样化的硬件和软件环境的编程框架。因此，将整个中间件基础架构移植到新的传感器平台的简便性是进一步的理想需求，并且对于在涉及异构计算系统的复杂的实际应用程序中更广泛地使用该框架至关重要。不同于特定于平台的软件架构，所需的中间件不应该通过使用由特定于平台的编程环境提供的库来专门开发。相反，应该通过采用更加通用的编程语言来实现负责执行高级抽象的中间件的核心功能，这个通用的软件层应该能够利用少量的（或不用）额外代码就能在（支持这样的通用语言的）不同平台上运行。

4.3.2　设计面向任务的框架面临的挑战

下文讨论开发满足上述需求的框架所面临的挑战。总而言之，在设计一款 BSN 框架／中间件时，牢记下列理想要求是至关重要的：

- 合适易用的高级编程范式：由于采用基于高级模型的编程方法可以极大地提高生产力，因此定义一个良好的、易于理解的抽象，以隐藏特定的底层平台的操作就成为一个编程框架是否成功的关键因素。特别是，一个主要的挑战是要找到一个好的办法，能够针对 BSN 领域的特殊需求调整具体的基于任务的通用方法，同时满足非功能性需求（效率、可移植性和互操作性）。

- 异构性：对于开发人员而言，以透明方式在不同传感器平台上部署相同应用程序的能力也是必须具备的，因为这样可以采用整体性的方法来管理各种各样的传感器网络和应用程序。

- 可移植性：为了延长框架的使用寿命，并随着时间的推移使其保持最新状态，节点端中间件架构的设计应该妥当地执行，以支持跨越新的传感器平台和嵌入式系统的无缝移植过程。但是，这不是一个微不足道的问题。

- 可扩展性：中间件还应该依赖于模块化架构，这样便于更容易地引入新的处理、功能和通信功能，以及集成新的物理传感器和驱动程序。设计一款可以保证轻松更新组件的中间件并不是一件容易的事情。

- 效率：对于资源匮乏的中间件而言，上述要求都会变得不太重要。尽管常用的传感器平台有严格的资源限制，但还是应该实现良好的运行时性能。

4.4　SPINE2 概述

SPINE2 框架旨在进一步提高开发用于 BSN 的分布式信号处理应用程序的简便性和有效性。具体来说，它的独特之处在于采用面向任务的范式，使得开发人员能够快速使用简单的结构将高级的应用逻辑（全局行为）转换为要在网络的每个传感器节点上执行的实际操作。此外，相比其他传感器网络编程框架，SPINE2 简化了应用程序的可重配置性和可重用性。

SPINE2 附带两个主要的软件组件：运行在网络上的传感器节点中间件和运行在协调器（通常是 PC 或支持的手持设备）上的管理软件。后者是用 Java 开发的，是 BSN 的主要接口。尤其是它提供了定义良好的 API，借助这些 API，开发人员可以轻松地管理网络和应用程序，包括定义、部署和运行一组已定义的互连任务。而且，它收集在节点上经过预处理的数据，这些数据可以被更复杂且资源要求更高的用户定义算法和可视化工具做进一步处理。运行在传感器节点的操作系统上的节点端中间件有两个主要功能：①处理来自协调器和其他任意节点的消息，②管理和执行由节点负责的任务。

下面讨论该框架的主要特征：

- 平台独立性和快速可移植性：支持跨越不同传感器平台的快速可移植性是 SPINE2 最初设计的主要动机之一。因此，已经构思并设计了节点端中间件体系结构，用于将任务运行时执行引擎与特定操作系统所提供的任何其他服务解耦，如图 4.1 所示。基于软件分层方法，节点的整个运行时系统由两个主要组件构成。"内核模块"用 C 语言实现，用于在需要任意或很少修改的情况下，支持任意的类似 C 的传感器平台。在内核模块下面，一组"特定于平台的模块"被恰当地定义为适配器，使得内核模块能够与操作系统服务和资源（传感器、定时器、通信等）进行交互。不同的适配器与诸如 TinyOS[2] 和 Z-Stack[3]（德州仪器公司提供的符合 ZigBee 标准的实现）这样的特定传感器平台和软件环境进行接口交互。这种架构的好处是开发人员只需实现必要的适配模块，就能把与平台无关的组件和应用程序部署到新的传感器平台上。

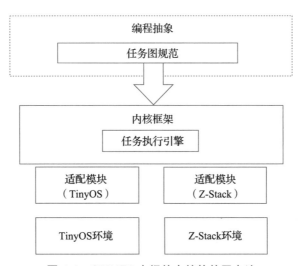

图 4.1　SPINE2 中间件内的软件层方法

- 可扩展性和自定义：得益于面向任务的方法，可以在需要出现时轻松添加新功能。这是在无须改变底层运行时环境的前提下，通过定义实现用户定义的计算逻辑的新任务实现的。新的传感器和执行器驱动程序也可以简单地通过开发合适的适配器模块进行添加。
- 模块化：节点端中间件架构（如第 4.6 节所述）包括通过明确定义的接口进行交互的独立模块，从而有利于简化软件维护和升级过程。

4.5　SPINE2 中的面向任务编程

SPINE2 提供的面向任务的编程范式专门用于支持创建基于数据流的任务链，以此来定义分布式信号处理应用程序。这种方法在编写底层代码时不易出错，对用户更加直观，根据应用程序的需求，必须指定一组可从任务库中获取的互连任务。因此，构成高级应用程序模型的基本抽象组件就是任务和任务连接。

一个任务表示一个特定的活动或操作，比如信号处理功能、数据传输或传感器查询。任务相对于其他任务以不可分割的方式执行，而它们可以被触发事件中断。事实上，传感器节点的事件响应特性意味着需要快速响应异步事件，比如无线电消息接收或定时器到期。任务通过表示任务间时间和数据依赖性的任务连接进行连接。

图 4.2 显示一个典型（在这种情况下相当简单）的传感器数据处理应用程序。它基本上由三个阶段组成：①收集传感器读数；②对感知数据执行处理功能；③将结果发送到网络的其他节点或协调器做进一步加工。

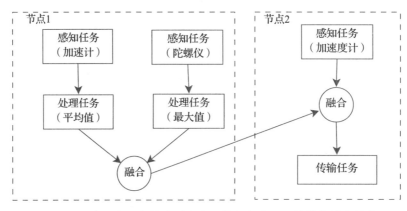

图 4.2　一个面向任务的应用程序，其任务在不同的节点被实例化

为了实现资源的负载平衡和有效的通信，SPINE2 允许将特定的任务子集分配给不同的节点，依次实现遍及网络的完整的分布式数据处理。由于节点可能具有不同的特性和功能，这样就有可能（举例来说）将大多数计算密集型任务分配给网络中性能更强的节点。因此，所实现的基于任务的范式为开发人员提供了对数据馈送、控制流和事件调度的全面控制，以实现多维度（例如 CPU、内存和功耗）的性能平衡。此外，通过基本功能块和经过妥善制定的任务间接口，能够实现轻松快速的应用程序重配置和更简单的维护过程。可重用任务库包括两种主要的任务

类型：

- 功能任务：执行数据处理 / 操作或过程控制。
- 数据路由任务：提供数据转发或复制。

每个任务都定义为三个属性：输入、输出和参数。取决于其任务已被定义和实现的具体功能，用户可以通过一组参数和值来配置任务。此外，可能有零到多个（通常在数据路由任务中）输入或输出连接。每个连接都可以处理特定的感知数据、处理过的信息，甚至是空数据，空数据仅用作连接任务的"执行完成通知"。

构成当前可用库的主要任务如下：

- 定时任务：定义定时器到期，可用于给其他任务定时。它没有输入连接，也不必处理任何数据。当其内部定时器到期时（取决于以下参数），它会通过其输出发出通知：周期性（即指定是周期性定时还是一次性定时）、到期时间以及相应的时间尺度 / 单位。
- 感知任务：从特定的板载物理传感器执行读取。它包含一个内部定时器，用于调度感知操作。输出的数据取决于被配置为从其读取数据的传感器的特定类型。具体来说，它可以包含一个简单的标量数值（例如，当链接到光传感器时）或一个矢量，该矢量由来自每一路特定"传感器通道"（例如三轴加速度计提供三种不同的采样）的采样组成。
- 处理任务：通过执行处理数据的函数或算法，来提供实际的计算能力。一些函数集称为"特征提取器"，通常应用于临时数据序列。例如，均值、方差、最大值和最小值。
- 传输任务：负责把来自其他连接任务的数据显式地传输到特定的目标节点 / 设备。通常用于将网内经过预处理的数据发送到 BSN 的协调器。在互连任务部署在不同节点上的情况下，SPINE2 中间件能够执行适当的数据传输（封装在适当的消息中），而不需要传输任务。
- 存储任务和加载任务：如果平台上有板载闪存，就可以使用它执行数据（流）的存储和检索。
- 分解任务：将输入数据从其输入连接复制到其所有的输出连接，以使其可用于多个任务。
- 融合任务：合并来自其输入连接的输入数据，并将其提供给单独的输出连接；

它首先规范化和／或统一地格式化收集到的数据。

- **历史融合任务**：在一段时间之后执行一系列（由参数指定）连续的融合操作，并使收集到的数据可用于输出。

4.6　SPINE2 节点端中间件

运行在 SPINE2 传感器网络的节点上的中间件的主要目的是"解释"和"执行"由面向任务的范式定义的高级应用程序。图 4.3 描述了其模块化体系结构，该体系结构由一组模块组成，其中的每个模块都包括用于完成明确定义的操作的交互（但独立）的软件组件。

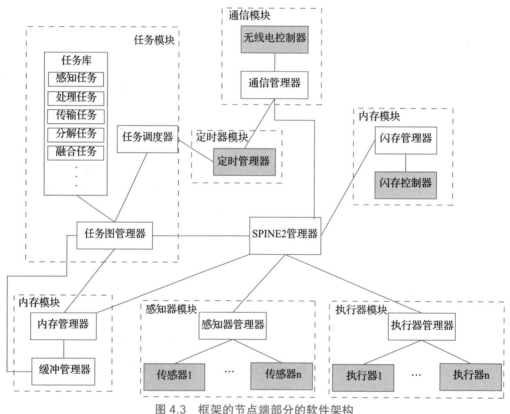

图 4.3　框架的节点端部分的软件架构

SPINE2 的内核框架（参见图 4.1）由图 4.3 中白色块表示的所有组件组成。这些组件用 ANSI C 语言实现，可以在任何"类 C"开发环境中编译，而无须更改其内部代码。内核包含中间件的所有不可更改部分，用于实现主要的运行时任务执行逻辑，包括任务和内存管理、应用程序级消息处理以及对板载传感器和执行器的抽象访问。相比之下，灰色块是中间件中依赖体系结构的部分，并针对特定的传感器进行了裁剪，以便管理较低级别的机制和服务。一些适配组件（或驱动程序）通过明确定义的接口授予对物理资源的访问权限，从而将内核与平台桥接。

使用通用编程语言及其标准库，并在内核和平台相关组件之间使用强大的软件解耦，是 SPINE2 中间件具备非常高的可移植性的关键特征。

对图 4.3 中所示模块的更具体的描述如下：

- SPINE2 管理器：是体系结构的核心组件。它的主要功能包括：①启动时的系统初始化；②统筹用于管理节点资源（传感器、执行器、无线电收发和闪存）的模块；③将必要的命令分派给其他组件以完成所需的操作（例如，新任务创建或缓冲区分配）；④处理 SPINE2 应用程序级协议（参见第 4.7 节），以便与协调器和其他节点通信，包括在将 SPINE2 传出的消息用通信模块封装成底层数据包之前，对其进行格式化。

- 通信模块：提供与其他传感器节点和 BSN 协调器交换消息的基本服务。它还将应用程序级消息封装到数据包中，并执行相反的操作，这是通过在需要时执行分片操作（或相反）完成的，具体还要取决于消息的长度和特定于平台的通信协议所支持的最大有效载荷（参见第 4.7 节）。

- 任务模块：即"任务执行引擎"中间件，负责①实例化由协调器分配到节点上的任务，②调度，③根据任务间连接终止任务的执行。

- 内存模块：通过分配基于任务的应用程序定义，以及任务间数据交换和任务内部操作都需要的缓冲区，来处理内存空间（用户应用程序可能需要数量可以变化并且每个具有任意大小的缓冲区）。它实现了一种允许动态内存分配的独特解决方案，从而为其他组件提供了一个简单的接口，能够在运行时按需分配内存块。

- 定时器模块：对由其他组件发起的定时器动态分配请求进行管理。分配过程基于发布/订阅机制：当 SPINE2 组件（订阅者，例如传感器管理器）自己需要定时器时，它就会向定时器管理器（发布者）发出请求，定时器管理器反过来又向订阅者提供一个定时器的识别码，以便能够对其进行妥善调度。

- 感知模块：提供一个通用接口，用于访问装备在传感器节点上的物理传感器。每个传感器专用驱动程序必须遵从通用的感知模块接口。

- 执行模块：与感知模块类似，它提供了一个通用的接入点，用于访问安装在传感器节点上的可用执行器。

- 闪存模块：如果传感器平台上有闪存，则处理将数据存入闪存和从闪存加载数据的操作。

4.7　SPINE2 协调器

SPINE2 协调器是一组软件组件，带有一个合适的 API，用于在协调器端运行，来为开发人员提供简单的软件接口，以便通过传感器网络有效地管理基于任务的应用程序。

特别是，在直观的 API 之上，程序员可以开发他们自己的应用程序，以便①控制 BSN 的远程节点，并获得由节点发出的高级事件通知；②定义、部署并运行基于任务的应用程序；③收集网络内经过处理的数据，以便做进一步的离线分析。

为了支持可移植性，采用了 Java 来实现 SPINE2 协调器的软件架构。值得注意的是，已经实现了一组特定的组件，用于支持一些依赖平台的基站。它们是需要连接到协调器的特定设备（传感器节点或加密狗），以便正确访问常见的 IEEE 802.15.4 无线通信接口，并且能够与传感器节点通信。

4.8　SPINE2 通信协议

在 SPINE2 中定义了一个两层通信协议栈（见图 4.4a），用于处理传感器节点与协调器之间的通信，并且构建在支持板载无线电的特定于平台的协议之上。中间层（数据包层）还通过管理来自上一层的很长的应用程序级消息（分割成多个数据包的有效负载）的分片，提供点对点通信接口。具体来讲，构成 SPINE2 数据包的字段如图 4.4b 所示。

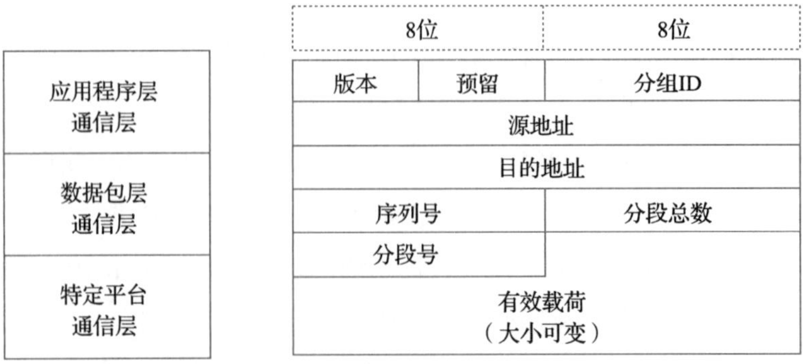

图 4.4　两层协议栈 a）和数据包字段 b）

上面一层被定义为用来处理 SPINE2 的消息集，这些消息封装了应用程序级命令和与 BSN 之间交互的信息，更具体地说，是与部署的面向任务的应用程序进行交互的信息。

当前支持的应用程序级消息在表 4.1 做了总结。表中还列了出有关通信方向和携带的有效载荷等一些其他信息。初始化程序、启动程序和复位程序消息没有附加有效的载荷数据，这些消息用于在正确部署后控制基于任务的应用程序的执行。

发现节点（Discovery）启动协调器和 BSN 之间的通信方案，以便从节点获得通用信息（通过节点广告消息），比如传感器平台、可用的板载传感器以及支持的任务列表。一旦发现 / 广告阶段已经终止，用户便可以完成对应用程序的建模，然后通过在整个网络映射任务图来部署。发布创建任务消息是为了在预期的节点上实例化每个单独任务。同样，发送创建连接消息是为了在任务之间创建一个连接，或一组连接。因此，由于任务可以是本地的（即在同一节点上实例化），也可以是远程的，该消息包含与特定连接的目标任务相关的信息，它还包括用于为节点分配所需缓冲区的信息。一旦应用程序完成部署，协调器就可以广播初始化应用程序，以初始化在网络上被实例化的任务，之后每个节点都通过发送一条节点应用程序准备好消息来通知它该节点已经准备好运行（部分）应用程序了。现在就可以广播启动应用程序消息，然后运行应用程序了。传感器数据消息用于将数据（原始或预处理的）从节点转发到协调器，而传感器到传感器数据消息则用于需要在远程任务之间交换的数据。错误和状态信息消息则在运行时出现意外错误时发出（例如，没有多余的块可以在动态内存分配），或用于周期性节点状态通知（例如，用于传达电池的剩余电量）。

表 4.1　SPINE2 应用层消息

消息类型	源	目的	有效载荷
发现节点	协调器	节点	—
创建任务	协调器	节点	任务配置
创建连接	协调器	节点	连接配置
初始化应用程序	协调器	节点	—
启动应用程序	协调器	节点	—
复位应用程序	协调器	节点	—
节点广告	节点	协调器	节点信息、传感器列表、任务列表
节点应用程序准备好	节点	协调器	—
传感器数据	节点	协调器	格式化数据

（续）

消息类型	源	目的	有效载荷
错误	节点	协调器	错误代码、错误信息
状态信息	节点	协调器	状态代码、状态信息
传感器到传感器数据	节点	节点	格式化数据

4.9　在 SPINE2 中开发应用程序

SPINE2 环境与基于 Java 的用户定义应用程序之间的典型交互如图 4.5 所示。值得注意的是，SPINE2 控制台与 SPINE2 协调器组件一起提供。具体来说，它带有一个简单的 GUI，允许用户立即与 BSN 交互并定义基于任务的应用程序，而不必在 SPINE2 API 之上实现一个应用程序。

由于存在这样的 GUI，开发人员实际上可以用两种不同方法将他自己的应用程序与 SPINE2 环境连接。

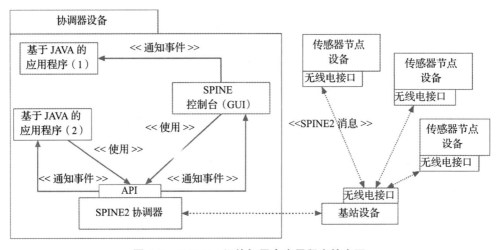

图 4.5　SPINE2 组件与用户应用程序的交互

作为第一个例子，由于采用 SPINE2 控制台既可以管理 BSN，又能够定义基于任务的应用程序，因此基于 Java 的应用程序 1 只需注册到控制台，就可获得来自网络的消息的通知，这样，它只需为收集对离线分析和显示有用的信息和数据编写代码。

相比之下，应用程序 2 直接用到了 SPINE2 的 API，并且需要同时管理好 BSN 和基于任务的应用程序，因此，开发人员要做更多的工作。

4.10 总结

本章介绍了 SPINE2 的编程框架，这是一种易于使用的解决方案，可以快速而有效地开发在 BSN 上的分布式应用程序。我们首先通过解释为什么广为人知的基于任务的范式能够成功地满足 BSN 领域所期望的需求，介绍了需要不同编程抽象的动机。之后，概述了 SPINE2 的主要功能，还详细描述了面向任务的编程方法及其相关的优点：对高度可定制和灵活的分布式信号处理应用，实现快速的原型设计和易于操作的运行时重配置。此外，通过突显具备独立于平台的节点端中间件的好处，描述了它的软件架构，而这种好处表现为快速可移植性和可扩展性。

参考文献

1 Galzarano, S., Giannantonio, R., Liotta, A., and Fortino, G. (2016). A task-oriented framework for networked wearable computing. *IEEE Transactions on Automation Science and Engineering* 13 (2): 621–638. doi: 10.1109/TASE.2014.2365880.

2 Tinyos Website. www.tinyos.net (accessed 8 June 2017).

3 Z-Stack Website. http://www.ti.com/tool/z-stack (accessed 5 June 2017).

自主人体传感器网络

5.1 介绍

基于 BSN 的系统所支持的重大应用程序必须具备安全、保险、可靠等特性，尤其是在处理对人体的物理和生化参数的监测和控制时。通过在容错、适应性和可靠性等方面满足严格的要求，从而在执行时获得足够高的正确性、准确性和效率，是至关重要的，并且是非常具有挑战性的问题。在这方面，自主计算范式可以完美地满足 BSN 应用程序的这些关键需求，它通过采用适当的技术来实现特定的自我管理能力，并成功应对有可能导致不可预测行为的不可预见的变化情况。

本章首先介绍自主范式的背景概念及其在 BSN 场景下的应用。然后，讨论对 BSN 特定的自主开发工具的需求。最后，介绍一款支持快速设计和实现具备自主属性的应用程序的框架，称为 SPINE-*。SPINE-* 作为 SPINE2 的扩展，在用于开发 BSN 应用程序的相同高级抽象中采用了自主元素。具体来说，它的目标是在不影响应用程序的情况下，轻松集成自主行为，由于采用了面向任务的范式，因此能够将用户定义的应用程序业务逻辑同与自主相关的操作分开。

5.2 背景

术语 "自主计算"（Autonomic Computing，AC）是由 IBM 的研究人员创造的[1]，当时，为了应对在管理计算系统时面临的日益增长的复杂性问题，他们提出需要一种其行为与人体的自主神经系统类似的管理组件。然后，AC 范式就这样被构思出来，用于处理分布式软件系统的复杂性，并使那些用途很关键的应用程序能够满足高可靠性和高适应性要求。它通过引入一系列 "自我 -*" 属性来面对问题，这要归功于能够在没有直接人为干预的情况下执行多种自我管理动作的系统。一些主要的 "自我 -*" 属性（通常称为 "自我 -CHOP" 属性）如下：

- 自我配置：取决于高级策略和目标，系统能够根据用户需求和环境条件有效地自我配置和适应，即能够动态地添加、替换或删除其组件，而不会发生系统运行中断。

- 自我修复：为了保证足够级别的可靠性，系统应能自动地防止、检测并且还可能纠正故障和错误。能够检测到的问题的性质较广范，包括从底层的硬件故障，到高级别的错误的软件配置。然而，重要的是，与自我修复过程相关的操作不会影响系统中其他重要的组件。

- 自我优化：系统应该在有限的可用资源条件下，以实现最大性能为目标，有效和主动地执行活动。这个优化过程应该不断寻求性能的改进，同时又不干扰系统实现用户定义的目标。

- 自我保护：具备这种性能的系统能够保证足够的安全级别，能够检测和预防以正常计划的系统操作为目标所发起的恶意攻击。此外，系统还应保护自己免受用户输入的影响，这些输入可能前后矛盾、难以置信甚至是危险的。

5.3　动机和挑战

正如前面章节所讨论的那样，BSN 开发人员可以受益于编程框架的使用（例如 SPINE、SPINE2 和 MAPS），这些框架的目标是实现易于开发、快速的原型设计、代码可重用性、效率和应用的互操作性。但是，应用程序的总体质量不仅仅源自对明确定义的编程方法和相关工具的使用，还在于它们的设计和实现的水平，以便处理由于与周围环境以及其他互联系统的交互而引起的不断变化的情况和可能出现的问题。事实上，因为不可预测的情况（例如，感知故障）在执行时有可能导致意外的行为，所以，让 BSN 系统一经部署就受到人类操作者持续不断的监督和维护是不合理的。因此，尽管常见的开发问题已经证明能够被最常见的编程框架成功解决，但是，在部署完成之后的阶段，应用程序正确性的定义方式通常完全是由开发人员来决定的。这正在成为一项特别具有挑战性的任务，这是因为当人们陷入无处不在、更智能但也具有危险的环境当中时，更复杂的 BSN 应用将需要更好的运行时支持。

通过提供有效的方法，使开发人员能够提供自我管理功能，并且轻松地将它们集成到应用程序中，以便改进可靠性和可维护性，这将是一项重大的挑战。遗憾的是，目前大部分可用的 BSN 编程框架只代表能够用于定义高级应用程序逻辑的值得信赖的工具，但是，它们不提供明确和清晰的方法来设计底层自主结构，以解决应用程序管理需求。

5.4　最新技术

将自主原理集成到网络系统中的设想已经在许多研究工作中得到研究和提倡[2,3]。

而且，真实的原型也已经作为几个国际项目的发布版本而被开发、部署和测试：BISON[4]、ANA[5]、Haggle[6]、CASCADAS[7]、EFIPSANS[8]以及自主互联网[9]。

但是，与传统网络不同，传感器网络独有的特征让自主化管理方法的设计和实现更具挑战性，而且迄今为止，这个分支领域尚未取得令人满意的研究成果。明确设计用于支持传感器网络管理的面向自主化的系统架构的例子有 MANNA[10]、BOSS[11]、WinMS[12]和 Starfish[13]。

MANNA[10]是一种提供三个不同抽象层面的通用架构，每个层面负责管理一项功能：功能区、管理层和 WSN 功能。后者包括基本的底层操作，比如感知、处理和通信，而管理层代表一个典型的系统层级，即业务逻辑、中间件服务和网络层。最后，对于上述的每个系统层级，功能区代表自主操作可以应用的不同视角，即配置、维护、性能、安全性、解释和故障管理。

BOOS 架构[11]基于标准的 UPnP 协议，用于通过避免任何手动设置来支持传统网络上设备的自主发现、配置和控制。由于传感器设备的资源有限，为了完全支持 UPnP 功能，一个运行在协调器上的中介组件充当了网络管理所需服务的提供者。BOSS 架构由几个功能组件构成：控制管理器、服务管理器、事件处理程序以及传感器网络层管理功能。

WinMS[12]是一个能够支持动态适应节点以响应不断变化的网络情况的网络管理系统。取决于高级策略，WinMS 可以基于本地管理方案（根据邻居网络的状态进行工作）和分散管理方案（以全局网络层知识为依据）。底层通信由一款支持基于树的收集方案的轻量级 TDMA 协议（FlexiMAC）提供，负责收集和分发网络状态数据以及管理信息。

Starfish[13]是一个用于支持对传感器网络中自适应行为进行定义的框架。具体来讲，由一个名为 Finger2 的节点端策略管理系统负责执行处理重新配置和故障管理的自适应策略。这些策略由开发人员通过桌面客户端工具指定，该客户端工具包括一组库，通过提供高级语言来定义自主策略和用户应用程序逻辑以促进对节点的编程。

尽管前面描述的框架和架构是一些通用的自我管理系统的例子，但是当前的大多数研究工作主要集中在自我修复和故障管理[14-24]。此外，这些研究通常是以

WSN 为背景进行的，很少有人致力于 BSN 背景下的研究工作。这就是我们专门探索在 BSN 环境下自主计算的可行性和便利性来解决这个缺点的原因。

5.5　SPINE-*：基于任务的自主架构

由于分布式计算系统（如 BSN）的内在复杂性，用于集成自主属性的方法各不相同，可以从不同的系统视角来应用这些方法：网络层、通信堆栈层、软件层、服务层、功能层或组件层。

但是，建议将应用程序业务逻辑与所实现的自主管理操作清晰而明确地分开。如果做了精心的设计，使用这种分割的主要好处是，应用程序开发人员的工作可以集中在应用程序的特征及其主要目标上，而不是被迫考虑任何自主管理组件。实际上，自主行为可以后续轻松添加，并不存在影响先前定义的应用逻辑的风险。

下文提出了能够满足上述要求的自主架构。它围绕 SPINE2 框架设计和实现，其基于任务的抽象提供了必要的机制来确保应用程序隔离和组件属性。自主特性已添加到了 SPINE2 中，而不影响原来的运行时引擎，但只涉及其任务库，这些库已经通过引入一组新的支持自主的任务进行增强。SPINE-* 应用程序的定义方式如图 5.1 所示。这样的应用程序由多层面的架构组成，而该架构在其基本配置中由两个不同的层面组成，一个代表用户应用程序逻辑，而另一个提供自主操作。由于一个任务只知道其输入数据，显然可以基于特定需求在自主层面中采用通用的非自主任务。而且，值得注意的是，与第 4 章（见图 4.2）提供的应用示例不同的是，所有的任务都没有假设它们的具体类型。

可以在层面之间建立起不同类型的交互，来对应用程序的数据流执行直接的操作，或重新配置应用任务。尽管存在这种相互作用，但任务在执行过程中的隔离程度保证了对所关注属性的分隔仍然存在，而应用层面并不知道自主层面的存在。

图 5.1 的通用架构显示了两个具体的自主方法。在第一种情况下，任务 T7 的参数在运行时进行了调整以优化其功能，从而根据来自任务 T1 的数据调整行为。具体地，在 AT1 对来自 T1 的源数据做了预处理之后，由自主任务 AT2 执行调整动作。由于没有数据流注入应用层，而是执行了重新配置的动作，所以这种交互（配置连接）用来自 AT2 的虚线箭头表示。在第二种情况中，假设自主任务 AT3 和 AT4 的目标是提高数据的质量，来自 T5 的输出数据流被重定向到自主层面，这里是指 T9。

然后，T9 为 AT3 和 AT4 提供在输送给聚合任务 T10 之前要分析和操作的数据流，T10 负责融合两个数据流，并将结果数据流发送到 T6。在这种配置中，T5-T6 之间的直接连接已经被删除，并替换为自主平面中的任务子图。

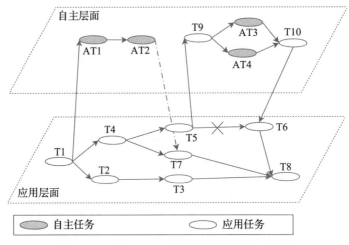

图 5.1　一个 SPINE-* 应用的多层面自主架构

这里提出的基于任务的多层面自主架构可以在许多常见情况下使用，但是要满足自我 -* 属性。稍后会展示几个基于任务的应用，这些例子用 SPINE-* 自主机制进行增强。特别是，我们展示了四个自我 –CHOP 属性：自我配置、自我修复、自我优化和自我保护。

如图 5.1 的参考架构所示，BSN 应用程序的一个有用属性是它能够根据不断变化的系统和 / 或环境条件，在运行时对任务的参数进行自动重新配置。如图 5.2 所示，可以采用两种不同的方式来触发一个重新配置任务。在图 5.2a 中，自主层面的感知重配置任务由处理任务（对原始感知数据进行某些类型的分析）的输出结果驱动。具体来说，感知重配置任务能够通过对感知任务的参数进行操作来修改应用程序的行为（例如，采样率），甚至禁用 / 启用其执行。采取类似的方式，图 5.2b 中描述的例子显示了重配置任务同时作用于感知任务和处理任务。但是，自主任务的执行不是从任务应用程序的内部进行触发的，而是由运行在 BSN 协调器（以及远程计算机）上负责驱动自主动作的桌面应用程序触发的，例如，当根据经过协调器端发现的新的需求或一些变化条件，需要对传感器数据进行采集和处理时。

另一个重要且关键的医疗保健领域的应用问题是从数据、算法或网络功能可能出现的故障和错误中恢复的能力。因此自我修复属性就成为要满足的关键需求，不仅是因为所提供服务的可靠性和正确性在运行期间必须由系统本身保证独立自主和持续性，而不需要操作员干预。作为一个例子，图 5.3 显示将自主任务插到感知层和处理层之间，用来确定来自传感器的原始数据的质量，从而避免损坏的采样（当可检测时）对计算功能可能造成的影响，以及对整个应用程序的准确性和错误行为产生的影响。具体而言，错误检测任务可以设计成一个在线检测进程，以检测来自感知任务的数据流中的特定故障，感知任务也负责将损坏的任务流重定向到错误过滤任务，以执行实际的恢复过程。如参考文献［25］所述，不同类型的数据错误会严重影响应用程序的正确性。此外，并非所有的这些措施都能够用合适的恢复技术轻松地进行处理，以提高系统对数据错误的容忍度，然后实现更好的效率和可靠性。

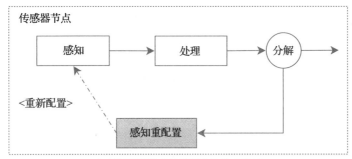

a）重配置任务由处理任务的输出驱动

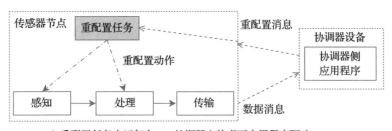

b）重配置任务由运行在BSN协调器上的桌面应用程序驱动

图 5.2　具备自我配置属性的应用程序示例

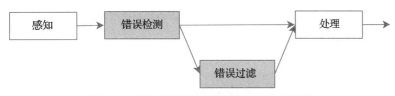

图 5.3　具备自我修复属性的应用程序示例

关于 BSN 应用程序的优化，最关键的问题之一是确定在哪些条件下能够延长可穿戴设备的使用寿命。由于无线电数据传输和感知过程（取决于所使用的物理传感器的类型）是最耗电的操作，因此根据某些特定条件和需求，利用适当的自主任务来扩展典型的"传感 – 理 – 传输"应用程序模式是合理的。如图 5.4 所示，可以根据处理任务的输出结果的变化情况，在运行时对采样率进行相应的调整。事实上，当数据样本在一段时间内没有太大变化，也就是当传感器数据的变化保持在某个阈值以下时，可以减少这种调整。出于同样的原因，当协调器端的应用程序不需要持续输入变化很小的数据流时，这类数据的无线传输就可以避免，从而对最耗电的操作进行优化，以此节省用电池供电的传感器节点的电量。

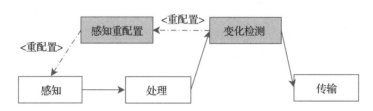

图 5.4　具有自我优化属性的应用程序示例

由于 BSN 的独有特点，如所管理数据的敏感性（生物医学和个人信息）、无线通信以及传感器的可移动性、隐私和安全性是要在电子医疗领域扮演重要角色的可穿戴系统的主要关切。因此，加强对物理环境的监控，同时采用适当的安全机制就显得格外重要了。对比外部攻击，SPINE-* 的基于任务的自主架构并不会专门通过特定的自我保护机制解决这些问题，但是它可以提供一种适当的方法，将这些安全解决方案直接封装在可重用的组件中，然后在必要时插入任务应用程序当中。作为一个非常简单的例子，图 5.5 中的数据加密任务通常需要大量计算，因此，可以在户外活动或公共的不受信任的环境中激活该任务，但在家里和安全的位置禁用，以便使应用程序适应周围的运行环境。

图 5.5　具有自我保护属性的应用程序示例

5.6　自主身体活动识别

下文展现 SPINE-* 在真实的 BSN 应用中的优势。具体来说，参考文献［26，27］所描述的现有的身体活动识别被认为是测试台应用程序，目前已经转换成等效的自主版本。整个系统由在协调器上运行的桌面应用程序组成，负责利用基于 k-NN 的分类器对姿势和移动进行分类，该分类器接收预先经过精心处理的数据，这些数据是从佩戴在腰部和大腿上的传感器收集而来的，所有传感器都安装了 3 轴加速度计。特别地，节点端应用程序包括：①感测加速度计传感器；②计算加速度计特定轴（也称为通道）上的平均值、最大值和最小值特征；③进行融合处理，并将结果发送到协调器。在图 5.6 中，描述了两个节点端应用程序，它们是通过基于任务的编程抽象方法设计的，并且没有自主任务。

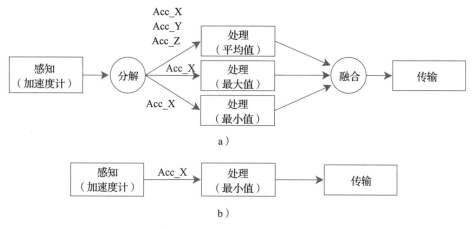

图 5.6　腰部节点 a）和大腿节点 b）上基于任务的应用

虽然这样的实现提供了系统正常工作所需的核心功能，但它不包括一些在意外情况下很重要的功能。特别是，它完全不知道来自加速度计的数据流的质量情况，因此，导致活动识别操作可能提供了不正确的检测结果。后面我们会展示怎样添加自主层面，特别是如何集成自我修复任务，这在万一发生数据损坏的情况下是有好处的。在这方面，将首先报告感知的数据错误对活动识别准确性的影响。然后，通过采用适当的自我修复层展示改进的系统容错性和可靠性，这样的自我修复层能够在运行时检测并且有可能恢复这种数据错误。

我们考虑的评估方法包括对特定的预定义活动序列执行测试，如图 5.7 所示，从"站着不动"状态开始，每个状态大约持续 30 秒。

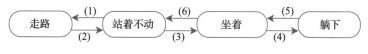

图 5.7　被测试的活动的序列

加速度计采样时间已设置为 25ms，而处理任务（见图 5.6）的性质是通过对每 20 个新采集的样本（移位）中 40 多个原始采样数据进行计算得到的。基于 k-NN 分类器的参数 K 设置为 1，由于曼哈顿距离在完全分解的类（即图 5.7 的状态）上的出色性能，这里采用了曼哈顿距离。根据这样的设置，并假设原始数据流中没有错误，在对整个活动按图 5.7 的转换模式进行分类后，获得了 99.75% 的准确率。

为了评估错误的传感器读数对分类准确率的影响，我们做了几项测试，即在将原始数据输入图 5.6 所示应用的处理层之前，对其注入人为错误，然后进行前后对比。作为数据错误注入方案，我们考虑参考文献 [22] 中确定的模型，在下文中，我们关注短错误。这些错误包括不规则散布在数据流上的错误，并且被建模为具有参数 P 和 C 的随机尖峰，其中 P 是受峰值影响的原始数据的百分比，而 C 是强度因子。这意味着尖峰的值是通过传感器样本的原始值乘以 C 因子得到的。

表 5.1 展示了短错误是如何显著降低分类准确率的。作为第一个例子，如果错误对预处理过程中所涉及的两个加速度计（腰部和大腿）的所有轴都产生影响，则准确率明显下降到了只比 50% 高一点，而原始数据样本受尖峰的影响只有 5%。

表 5.1   所有通道上的短错误并且 $C = 3$ 对活动识别准确率的影响

受影响的通道	P（%）	准确率（%）
所有通道（腰部和大腿的传感器）	1	79.90
所有通道（腰部和大腿的传感器）	5	55.09
所有通道（腰部和大腿的传感器）	10	51.86
所有通道（腰部和大腿的传感器）	25	48.14
所有通道（腰部和大腿的传感器）	50	46.65

此外，在每次只考虑一个受错误影响的单个通道时，表 5.2 的结果清楚地表明识别准确率更多地受到来自佩戴在大腿上的传感器的数据流质量的影响，而不是腰部节点。

表 5.2   特定通道上的短错误并且 $C = 3$ 对活动识别准确率的影响

受影响的通道	P（%）	准确率（%）
X 轴——腰部传感器	1	98.25
Y 轴——腰部传感器	1	99.75
Z 轴——腰部传感器	1	99.75
X 轴——大腿传感器	1	81.63
X 轴——腰部传感器	5	96.26
Y 轴——腰部传感器	5	99.75
Z 轴——腰部传感器	5	99.75
X 轴——大腿传感器	5	44.91

此后，我们会展示把自我修复层引入活动识别系统的节点端应用程序是如何通

过检测和恢复短错误来提高系统精度的。图 5.6a 中应用程序的加强自主版本显示在图 5.8 中。通过类似的方法，自我修复平面也被用到运行在大腿节点上的应用程序的加速度计原始数据流。

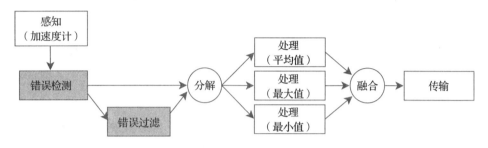

图 5.8   运行在腰部节点上的自主应用程序

参考具体的短错误，这两个自主任务的检测和恢复功能的底层方法是分析加速度计数据流的变化。具体来说，就是把这个数据流分割成连续的数据窗口，每个窗口包含 W 个传感器样本，并计算其平均值和标准偏差 sd。然后，用数据窗口中的每一个单独样本与标准偏差进行比较，如果其值远大于标准偏差 sd，则该样本被标记为错误。具体地，采用任务参数 T 来确定阈值 $thr = T \cdot sd$，并利用这一阈值进行比较。如果未检测到损坏的数据，样本就被直接转发到分解任务，否则，将会在随后的恢复阶段被考虑运用错误过滤任务。关于短错误，所采用的恢复方法包括用先前的采样数据替换损坏的传感器读数。这个方法虽然看起来很简单，但它实际上表明其在消除加速度计数据流中异常值产生的负面影响方面的有效性，也因此防止了由于不准确的处理而导致的低识别精度。表 5.3 列出了在有和没有自我修复的自主平面两种情况下的分类准确率的比较结果。尤其是我们的试验采用了如下参数：窗口值 $W = 40$，以及阈值参数 $T = 3$。

表 5.3   所有通道上准确率的提升，其中 $C = 3$

受影响的通道	P（%）	准确率（没有自主层面）(%)	准确率（包含恢复）(%)
所有通道（腰部和大腿的传感器）	1	79.90	99.75
所有通道（腰部和大腿的传感器）	2	55.09	99.75
所有通道（腰部和大腿的传感器）	10	51.86	98.51
所有通道（腰部和大腿的传感器）	25	48.14	59.55
所有通道（腰部和大腿的传感器）	50	46.65	47.64

当短错误的频率在 10% 以内时，恢复操作证明可以保证非常准确的结果。相反，在其他情况下获得的改进却越来越少。这是因为当一个数据流具有周期性的错误时，

就不可能确定这个特定的值是正确数据序列的一部分，还是感知操作失败的结果。

5.7　总结

　　将容错性、适应性和可靠性纳入 BSN 是一项具有挑战性的任务。就这一点而言，自主计算是一种有效的范式，其自我 -* 属性能够满足这些复杂的要求。在介绍自主范式的背景概念之后，本章介绍了一种用于具有自主特征的 BSN 应用程序快速原型设计的体系结构，即 SPINE-*。它通过自主平面扩展了 SPINE2 的编程框架，这是一种把提供自我 * 属性从 BSN 的应用程序逻辑分离出来的方法。然后，我们用一个人体活动识别的应用程序作为测试用例，首先分析了它的有效性是怎样被传感器读数中的数据错误严重影响的。最后，我们展示了自我修复层（能够在运行时检测并有可能恢复检测到的错误）如何提高识别准确率，进而提高应用程序的质量。

参考文献

1 Horn, P. (2001). Autonomic Computing: IBM's Perspective on the State of Information Technology. *Tech. Rep.*, IBM T.J. Watson Labs, New York.

2 Samaan, N. and Karmouch, A. (2009). Towards autonomic network management: an analysis of current and future research directions. *IEEE Communications Surveys Tutorials* 11 (3): 22–36.

3 Agoulmine, N. (2010). *Autonomic Network Management Principles: From Concepts to Applications*. Ed. Academic Press.

4 The BISON Project Website. http://www.cs.unibo.it/bison (accessed 11 June 2017).

5 The ANA Project Website. www.ana-project.org (accessed 5 June 2017).

6 The Haggle Project Website. http://ica1www.epfl.ch/haggle (accessed 10 June 2017).

7 The CASCADAS Project Website. http://acetoolkit.sourceforge.net/cascadas (accessed 12 June 2017).

8 The EFIPSANS Project Website. http://secan-lab.uni.lu/efipsans-web (accessed 7 June 2017).

9 The Autonomic Internet Project Website. http://www.autoi.ics.ece.upatras.gr/autoi (accessed 8 June 2017).

10 Ruiz, L.B., Nogueira, J.M., and Loureiro, A.A.F. (2003). MANNA: amanagement architecture for wireless sensor networks. *IEEE Communications Magazine* 41 (2): 116–125.

11 Song, H., Kim, D., Lee, K., and Sung, J. (2005). UPnP-based sensor network management architecture. *Second International Conference on Mobile Computing and Ubiquitous Networking (ICMU 2005)*, Osaka, Japan (13–15 April 2005).

12 Lee, W.L., Datta, A., and Cardell-Oliver, R. (2006). WinMS: wireless sensor network-management system, an adaptive policy-based management for wireless sensor networks, *Tech. Rep.*

13 Bourdenas, T. and Sloman, M. (2010). Starfish: policy driven self-management in wireless sensor networks. *Proceedings of the 2010 ICSE Workshop on*

Software Engineering for Adaptive and Self-Managing Systems, ser. SEAMS'10, Cape Town, South Africa (3–4 May 2010), pp. 75–83. New York: ACM.

14 Paradis, L. and Han, Q. (2007). A survey of fault management in wireless sensor networks. *Journal of Network and Systems Management* 15: 171–190.

15 Boonma, P. and Suzuki, J. (2007). Bisnet: a biologically-inspired middleware architecture for self-managing wireless sensor networks. *Computer Networks* 51 (16): 4599–4616, (1) Innovations in Web Communications Infrastructure; (2) Middleware Challenges for Next Generation Networks and Services.

16 Yu, M., Mokhtar, H., and Merabti, M. (2008). Self-managed fault management in wireless sensor networks. *Proceedings of the 2008 the Second International Conference on Mobile Ubiquitous Computing, Systems, Services and Technologies, ser. UBICOMM'08,* Valencia, Spain (29 September–4 October), pp. 13–18. Washington, DC: IEEE Computer Society.

17 Lee, M.-H. and Choi, Y.-H. (2008). Fault detection of wireless sensor networks. *Computer Communications* 31: 3469–3475.

18 Turau, V. and Weyer, C. (2009). Fault tolerance in wireless sensor networks through self-stabilisation. *International Journal of Communication Networks and Distributed Systems* 2: 78–98.

19 Choi, J.-Y., Yim, S.-J., Huh, Y.J., and Choi, Y.-H. (2009). An adaptive fault detection scheme for wireless sensor networks. *Proceedings of the 8th WSEAS International Conference on Software Engineering, Parallel and Distributed Systems,* Cambridge, UK (21–23 February 2009), pp. 106–110. Stevens Point, WI: World Scientific and Engineering Academy and Society (WSEAS).

20 Jiang, P. (2009). A new method for node fault detection in wireless sensor networks. *Sensors* 9 (2): 1282–1294.

21 Oh, H., Doh, I., and Chae, K. (2009). A fault management and monitoring mechanism for secure medical sensor network. *International Journal of Computer Science and Applications* 6: 43–56.

22 Bourdenas, T. and Sloman, M. (2009). Towards self-healing in wireless sensor networks. *Proceedings of the 2009 Sixth International Workshop on Wearable and Implantable Body Sensor Networks, ser. BSN'09,* Berkeley, CA (3–5 June 2009), pp. 15–20. Washington, DC: IEEE Computer Society.

23 Asim, M., Mokhtar, H., and Merabti, M. (2010). A self-managing fault management mechanism for wireless sensor networks. *International Journal of Wireless Mobile Networks* 2 (4): 14.

24 Ji, S., Yuan, S.-F., Ma, T.-H., and Tan, C. (2010). Distributed fault detection for wireless sensor based on weighted average. *Proceedings of the 2010 Second International Conference on Networks Security, Wireless Communications and Trusted Computing – Volume 01, ser. NSWCTC'10,* Wuhan, Hubei, China (24–25 April 2010), pp. 57–60. Washington, DC: IEEE Computer Society.

25 Galzarano, S., Fortino, G., and Liotta, A. (2012). Embedded self-healing layer for detecting and recovering sensor faults in body sensor networks. *Proceedings of the 2012 IEEE International Conference on Systems, Man, and Cybernetics (SMC),* Seoul, Korea (14–17 October 2012), pp. 2377–2382.

26 Bellifemine, F., Fortino, G., Giannantonio, R. et al. (2011). SPINE: a domain-specific framework for rapid prototyping of WBSN applications. *Software: Practice and Experience* 41: 237–265.

27 Gravina, R., Guerrieri, A., Fortino, G. et al. (2008). Development of body sensor network applications using SPINE. *IEEE International Conference on Systems, Man and Cybernetics, 2008. SMC 2008,* Singapore (12–15 October 2008), pp. 2810–2815.

第 6 章

Wearable Computing: From Modeling to Implementation of Wearable Systems Based on Body Sensor Networks

面向智能体的人体传感器网络

6.1　介绍

迄今为止，许多计算范式被用于支持无线传感器网络（更具体地说，是人体传感器网络）的建模和实现。正如在第 2 章中所广泛讨论的那样，不同各种范式，从低级到高级，都可以用来开发基于 WSN 的系统。在这些范式中，最值得注意的是事件驱动编程[1]、基于数据的模型[2]、面向服务编程[3]、宏编程[4]、基于状态的编程[5]以及面向智能体编程[6]。本章提出了用于 BSN 的建模和实现的面向智能体的范式。在介绍完智能体计算范式，以及特别是在 WSN 场景下软件智能体的背景概念之后，本章讨论了开发用于 BSN 的智能体的动机和挑战，并且提供了对相关领域最新技术的描述。然后，我们提出了用于 BSN 的基于智能体的建模和实现。最后，给出了一个案例研究，它使用两款著名的面向智能体平台（JADE 和 MAPS）开发出一个基于智能体的实时人体活动识别系统。

6.2　背景

6.2.1　面向智能体的计算和无线传感器网络

软件智能体（Agent）被定义为可以为用户执行特定（甚至复杂）任务并具有一定程度的智能的联网的软件实体或程序。这种智能使其能够自主地执行一部分任务 / 活动，并以有效的方式与其周围环境互动。这种软件智能体的特性能够完美匹配无线传感器网络及其传感器组件[7, 8]；事实上，它们主要包括[9]：

- 自治能力：智能体（或传感器节点）应能在没有人类直接干预的情况下执行大多数用于解决问题的任务，它们应该能对自己的行为和内部状态进行一定程度的控制。

- 社交能力：智能体（或传感器节点）在其认为适当的情况下，应能与其他软件智能体（或传感器节点）和人类进行交互，以便解决它们自己的问题，并且在适当的场所和时机能够帮助他人完成其活动。

- 响应能力：智能体（或传感器节点）应能感知其所处位置周边的环境，周围有可能是物理世界、一个用户、多个智能体（或其他传感器）或者互联网等，并对其中发生的变化及时做出响应。

- 主动性：智能体（或传感器节点）不应仅仅响应其周围的环境，而是应该能够展现出，以机会和目标为导向的行为，并在适当的场所和时机取主动。

关于无线传感器网络及其与多智能体系统（MAS）的关系的一个有趣的分类可以在参考文献［8］中找到。特别是，在这种网络上使用智能体的主要动机是，许多WSN属性能够与智能体和MAS实现共享，实际上，许多WSN属性可以由智能体和MAS来支持，这些属性包括：物理分布、资源有限性、信息不确定性、大规模、分散控制和适应性。此外，由于WSN中的传感器通常必须协调它们的活动以实现全系统目标，因此动态实体（或智能体）之间的协调是MAS的主要特征之一。下文讨论上述常见的属性：

- 物理分布意味着传感器被放置于某个环境当中，并且能够接收环境刺激和采取相应的行动，还能够通过控制活动来改变其周围的环境。实际上，场景性是一个智能体的主要属性，几个著名的智能体架构已被定义为可支持这样一个重要的属性。
- 资源的有限性（计算能力、通信和电量）不管对于作为单个单元的传感器节点，还是作为整体的WSN而言，都是典型的属性。智能体及其相关的基础设施可以支持这种限制，这是通过智能化的资源感知，单独的以及合作行为来实现的。
- 信息不确定性在大规模无线传感器网络（WSN）中是非常典型的属性，其中为观察监测/控制现象而收集的网络和数据的状态都有可能是不完整的。在这种情况下，智能化的（移动）智能体可以通过合作和移动来恢复不一致的状态和数据。
- 大规模是稀疏地部署在广泛的区域或密集部署在限制区域内的无线传感器网络的一种属性。MAS中的智能体通常以松散管理的方式，通过高度可扩展的交互协议和/或将时间和空间解耦的协调基础架构进行合作。
- 集中控制在大规模WSN中是不可行的，因为网络中的节点会间歇性地连接，也会因电量不足而突然消失。因此，应该充分利用分散化控制。多智能体方法通常基于将控制权分散转移到从可用的智能体集合中动态选择出来的多个智能体，或转移到对等协作的多个智能体所形成的整体。

- 自适应性是传感器和智能体主要的共享属性。一个智能体按定义在其所处的环境中是具备自适应性的。因此,把传感器的活动建模为智能体或 MAS,进而,整个 WSN 作为一个 MAS 可以促进自适应属性的实现。

6.2.2　Sun SPOT (MAPS) 移动智能体平台

MAPS[10-12] 是在 Sun SPOT 技术[13] 上开发的基于 Java 的框架,用于面向智能体的 WSN 应用程序编程。MAPS 是根据以下需求开发的:

- 基于组件的轻量级智能体服务体系结构,利用协作的并发性来避免繁重的并发性。
- 轻量级智能体体系结构,可高效执行和移动智能体。
- 最小化的核心服务,涉及智能体的移动、命名、通信、活动时间以及对传感器节点资源的访问,这些资源包括传感器、执行器、闪存、开关和电池。
- 基于插件的体系结构,基于该体系结构,可以将任何服务定义为一个或多个可动态安装并作为单独或协作(移动)智能体实现的组件。
- Java 编程语言用于为移动智能体编程。

MAPS 的体系结构(如图 6.1 所示)是基于组件的,这些组件通过(高级的或内部)事件进行交互,并为(移动)智能体提供一组服务。这些服务包括消息传输、智能体创建、智能体克隆、智能体移动、定时器处理以及对传感器节点资源的便捷访问。MAPS 体系结构的主要组件描述如下:

- 移动智能体(MA)是由用户定义的基本的高级组件,用于开发基于智能体的应用程序。
- 移动智能体执行引擎(MAEE)通过基于事件的调度控制 MA 的执行,可用于实现协作并发。MAEE 还与其他服务提供组件(见图 6.1)进行交互,以满足由 MA 发出的服务请求(例如,消息传输、传感器读取和计时器设置)。
- 移动智能体移动管理器(MAMM)通过 Sun SPOT 环境[13] 提供的隔离休眠功能来支持智能体的移动。这种功能涉及数据收集和执行状态,而智能体代码应该已经存在于目标节点中。这个是 Sun SPOT 的一个限制,它不支持动态类的加载和代码迁移。
- 移动智能体通信信道(MACC)可实现基于无线电报协议所支持的异步消息(单播或广播)的交互式通信。

- 移动智能体命名（MAN）根据智能体在操作时是否支持 MAMM 和 MACC 来提供对智能体的命名。MAN 也管理着（动态）相邻的传感器节点的列表，该列表通过基于广播消息的信标机制进行更新。
- 定时管理器（TM）管理定时服务，用于 MA 的定时操作。
- 资源管理器（RM）管理对 Sun SPOT 节点资源的访问，其中的资源包括：传感器（3 轴加速度计、温度和光照）、开关、LED、电池和闪存。

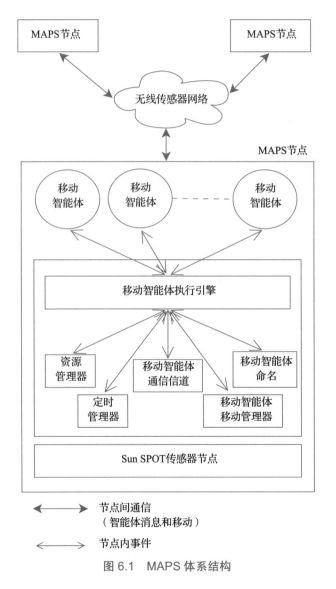

图 6.1　MAPS 体系结构

MAPS 移动智能体模型如图 6.2 所示。具体来说，MA 的动态行为被建模为多层面状态机（MPSM）。GV 块表示全局变量，也就是 MA 内部的数据，而 GF 则是一组全局支持函数。每个平面都可以代表 MA 在特定角色中的行为，从而实现基于角色的编程[14]，并且每个平面由局部变量（LV）、局部函数（LF）以及基于 ECA 的自动机（ECAA）组成。这个自动机由状态和状态之间互斥的转换组成。转换标记为事件 – 条件 – 动作（E［C］/A）规则，其中 E 是事件名称，［C］是一个基于全局和局部变量的布尔表达式（或保护），A 是一个原子动作。转换在接收到 E 且 C 为真时被触发。当一个被触发的转换结束时，A 首先以原子方式执行，之后状态转换完成。MA 通过事件进行交互，该事件由 MAEE 以异步方式提供，并通过事件调度器组件发送，根据平面能够处理的事件数量，事件被发送到一个或多个平面。值得注意的是，基于 MPSM 的智能体行为编程能够利用从 WSN 编程的三个主要范式中获得的益处：事件驱动编程、基于状态的编程以及基于移动智能体的编程。

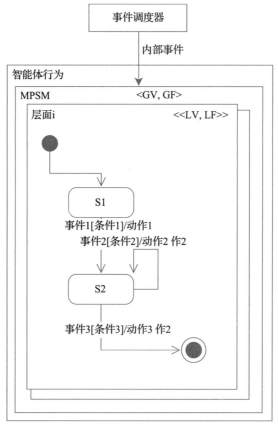

图 6.2　MAPS 的智能体行为模型

6.3　动机和挑战

在高度动态的分布式计算环境中，移动智能体是一种合适、有效的计算范式，支持对分布式应用程序、服务和协议[15]的开发。移动智能体是一种具有独特能力的可执行程序，它能够把自己从一个网络中的一个系统传输到同一网络中的另一个系统。这里的网络可能是大规模网络，甚至可以是像 BSN 这样的个域网络。这种独特的能力使得移动智能体能够：①跨越移动智能体想要与之交互的系统（包含对象、智能体、服务、数据和设备）进行移动；②充分利用与交互系统处于同一主机或网络的优势，并将其作为交互的元素。智能体的迁移可以基于弱移动性（智能体数据和代码被迁移）或强移动性（智能体数据、代码和执行状态被迁移）[16]。由 MAS[16] 支持的移动智能体基本上提供用于开发基于智能体的应用程序的 API，并且，智能体服务器能够通过向智能体提供迁移、通信和节点资源访问等基本服务来执行智能体。

在他们的开创性论文 [17] 中，Lange 和 Oshima 定义了至少七个在通用分布式系统中使用移动智能体的理由。在下文中，我们在 WSN 场景下给出它们的定义：

1）网络负载减小：移动智能体能够访问远程资源，还能与任何远端实体进行通信，其实现方法是直接移动到任意远程实体的物理位置，并在本地与其交互以节省带宽资源。例如，组成数据处理算法的移动智能体可以迁移到传感器节点（例如，可穿戴传感器节点），并对感测数据执行必要的操作，然后将结果传输到汇聚节点。这是一种更为理想的方法，而不是从传感器节点到汇聚节点周期性地传输原始感测数据，然后在汇聚节点上进行数据处理。

2）克服网络延迟：对智能体提供适当的控制逻辑，它就可以移动到传感器 / 执行器节点，并在本地执行所需的控制任务。这克服了网络延迟，即使在与基站缺乏网络连接的情况下，也不会影响实时的控制操作。

3）协议封装：如果一个支持多跳的特定路由协议应该部署在 WSN 的给定区域中，则一组封装了该协议的协作移动智能体就可以动态地创建并分配到适当的传感器节点，而不必考虑标准化的事情。在协议升级的情况下，还有一组新的移动智能体可以在运行时轻松替换掉旧的智能体。

4）异步和自动执行：这些独特的移动智能体属性在 WSN 等动态环境中非常重要，这类环境的连接可能不稳定，网络拓扑可能会快速变化。一个移动智能体，可以根据请求自主地在网络中穿梭，逐节点收集所需的信息，或者执行编程好的任务，最后，可以异步地将结果报告给请求者。

5）动态适应：移动智能体可以感知其执行环境，并自主地对变化做出反应。这种行为的动态适应性非常适合在像 WSN 这样长期运行的系统上操作，这类系统的环境条件很可能随时间而变化。

6）异构性的定位：移动智能体可以基于不同的硬件和软件，在系统之间充当封装器的角色。这种能力很适合集成支持不同传感器平台的异构 WSN 或将 WSN 连接到其他网络（如基于 IP 的网络）的需求。一个智能体可能能够将来自一个系统的请求转换成匹配另一个不同系统的请求。

7）鲁棒性和容错性：移动智能体对不利情况和事件（例如，电池电量不足）的动态反应能力能够导致具有更好的鲁棒性和容错性的分布式系统；例如，对电池电量不足事件的反应可以触发所有正在执行的智能体程序迁移到等效的传感器节点来不间断地继续其活动。

6.4 最新技术：描述与比较

虽然许多 MAS[18] 是为传统的分布式平台开发的，但到目前为止，只有很少的几种无线传感器网络智能体框架被提出并付诸实施。在下文中，首先描述了 Agilla 和 actorNet，这是基于 TinyOS 的最重要的研究原型[19]，然后，概述了 AFME 和 MAPS，它们在基于 Java 语言开发的框架中最具代表性。

Agilla[6] 是基于智能体的中间件，它在 TinyOS 上开发，支持每个节点上的多个智能体。它在每个节点上提供两种基本资源：

- 元组空间，表示一段共享内存空间，可以存储和检索结构化数据（元组），它允许智能体通过空间和时间的解耦来交换信息。元组空间也可以被远程访问。
- 邻居列表，它包含了当智能体不得不迁移时所需的所有单跳节点的地址。

Agilla 智能体可以携带其代码和状态进行迁移，但无法携带它们存储在本地元组空间中的元组。用于节点通信的数据包（例如，对于智能体迁移／克隆和远程元组访问）非常小，以便尽量减少损失，同时重传技术也被采用。

ActorNet[20] 是专为 Mica2/TinyOS 传感器节点设计的基于智能体的平台。为了克服代码迁移的困难，以及由于应用程序和传感器节点架构之间的严格耦合所带来的互操作性，actorNet 采用了虚拟内存、上下文切换等服务和多任务处理。有了这些功能，actorNet 就能够通过为所有智能体提供统一的计算环境来有效支持智能体编程，而不必考虑硬件或操作系统的差异。用于高级智能体编程的 actorNet 语言具有与 Scheme 类似的语法和语义，并对指令做了适当的扩展。

Agilla 和 actorNet 都是针对依赖于 nesC 语言的 TinyOS 而设计的。

Sun SPOT[13] 和 Sentilla JCreate[21] 的传感器节点可以通过 Java 语言编程，Java 语言由于其面向对象的特性，能够为智能体平台的有效实现提供更大的灵活性和可扩展性。目前，用于 WSN 的基于 Java 的移动智能体平台主要是 MAPS[11] 和 AFME[22]。

AFME 框架[22] 是 Agent Factory 框架的轻量级版本，它专门为遍布无线电的系统设计，并用 J2ME 实现，也可在 Sun SPOT 上使用，用于举例说明智能体通信及其无线传感器网络中的迁移。AFME 建立在"信仰－欲望－意图"（Belief-Desire-Intention（BDI））范式之上，其中目的型智能体遵循"感知－思考－行动"（sense-deliberate-act）的循环。在 AFME 中，智能体通过混合了声明性和命令式的编程模型进行定义。声明性 Agent Factory 智能体程序设计语言（AFAPL）基于信念和承诺的逻辑形式体系，用于通过指定规则来编码智能体的行为，其中的规则定义了采用承诺时所根据的条件。相反，必要的 Java 代码则用于编码感知器和执行器。但是，AFME 不是专门为无线传感器网络设计的，尤其不是专门为 Java Sun SPOT 而设计的。

在 6.2.2 节中概述过的基于 Java 的智能体平台 MAPS 反而是专为无线传感器网络而设计的，它目前使用 4.0 版本的（蓝色）Sun SPOT 库，为通信、迁移、定时、传感/驱动和闪存存储提供高级功能。MAPS 允许开发人员根据 MAPS 框架的规则，用 Java 编写基于智能体的应用程序，因此不需要开发翻译器和/或解释器，并且在 Agilla、ActorNet 和 AFME 的环境下，也不需要学习新语言。MAPS 也被移植到 Sentilla JCreate 传感平台上，并被重命名为 TinyMAPS[21]。

表 6.1 记录了上述智能体平台之间的对比。

表 6.1　用于 WSN 的面向智能体平台（Agilla、ActorNet、AFME 和 MAPS）对比

	Agilla	ActorNet	AFME	MAPS
智能体迁移有效性	是	是	是	是
并发智能体	是	是	是	是
智能体通信	基于元组	异步消息	异步消息	异步消息
智能体编程语言	专用 ISA	类计划	说明性语言 +Java	Java
智能体模型	类集合	功能性的	BDI	有限状态机

（续）

	Agilla	ActorNet	AFME	MAPS
目的型智能体有效性	否	否	是	否
支持 WSN 的平台	Mica2, MicaZ, TelosB	Mica2	Sun SPOT	Sun SPOT, Sentilla JCreate

6.5　BSN 领域基于智能体的建模和实现

　　正如第 1 章中广泛讨论的那样，一个 BSN 基本上是由一个协调器节点或基站，以及一个或多个与协调器连接着的可穿戴传感器节点组成，这些传感器节点之间采用 1 跳的无线连接。根据面向智能体的方法，系统的每个组成部分都被智能化；因此，BSN 协调器和 BSN 传感器节点都被建模为智能体。一个 BSN 系统作为一个整体构成一个 MAS，组成了一个主 / 从系统（见图 6.3a）的基本结构，其中，协调器是主智能体，传感器节点是从属智能体。从属智能体只能与协调器智能体交互。这个基本架构的一种变体（见图 6.3b）是一种主 / 从（M/S）和点对点（P2P）的混合架构：协调器智能体可以与所有从属智能体交互，从属智能体之间可以互相交互。基本的 M/S 架构和高级的 M/S+P2P 架构都可以用于构建单个 BSN。为了对协作型 / 交互型的 BSN（参见第 7 章）进行建模，采用了超级对等模型（见图 6.3c）：协调器智能体是超级对等点，并且可以彼此交互，而属于同一 BSN 的传感器节点只能彼此之间，或者与其协调器智能体进行交互。

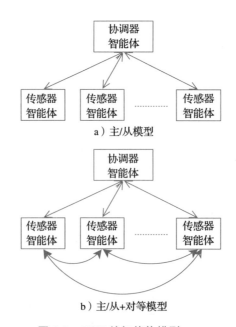

图 6.3　BSN 的智能体模型

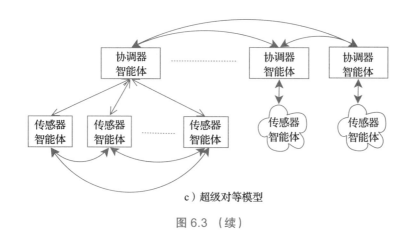

c）超级对等模型

图 6.3 （续）

BSN 系统基于智能体的实现应基于真实的智能体平台[23]，这种平台支持对协调器智能体和应用程序智能体以及传感器智能体的编程。具体来说，我们提出 JADE[24] 来实现应用程序和协调器智能体，提出 MAPS[11] 来实现传感器智能体。因此，智能体编程遵循 JADE 和 MAPS 的规则。而且，基于智能体的应用程序开发还受面向智能体的软件工程化方法[25]支持，该方法通常涵盖了需求分析、设计、实现和部署。下一节提出了一个案例研究，举例说明了 BSN 应用领域的基于智能体的工程化方法。

6.6　基于智能体的工程化 BSN 应用：案例研究

为了显示基于智能体的平台支持 BSN 应用程序设计的有效性，在参考文献［26］中，提出了基于 MAPS、面向智能体的信号处理节点内环境，专门用于实时的人类活动监测。特别是，该系统能够识别辅助日常生活的各种姿势（例如，躺着、坐着、站着不动）和动作（例如，走路）。已经开发出的基于智能体的系统架构（如图 6.4 所示）被组织成三种类型的智能体：

- 应用程序级智能体（在 PC 或手持设备上运行）嵌入了应用程序逻辑，用 Java 和 JADE 实现[24]。
- 协调器智能体（在 PC 或手持设备上运行），用 Java 和 JADE 实现。
- 传感器智能体（在可穿戴传感器节点上运行），用 MAPS[11] 编程。

协调器智能体是基于 JADE 并且包含多个基于 Java 的协调器的模块，这些模块是在 SPINE 框架[27] 环境下开发的。特别是，它由最终用户应用程序使用（例如，基于智能体的实时活动识别应用程序（ARTAR）），通过向传感器节点发送命令，以及捕获来自传感器节点的底层消息和事件这两种方式来管理 BSN。此外，协调器智能体还集成了应用程序专用逻辑，以使传感器智能体保持同步。为识别姿势和动作，ARTAR 应用程序集成了基于 k 最近邻（k-NN）算法的分类器。姿势和动作在训练期间被定义。ARTAR 和协调器智能体之间通过 JADE ACL 消息进行交互。

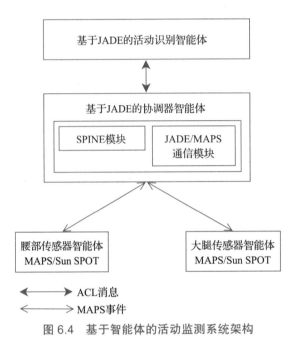

图 6.4　基于智能体的活动监测系统架构

　　虽然 ARTAR 和协调器智能体是基于 JADE 的，但是两个传感器智能体则是基于 MAPS 的。因此，为了实现通信互操作性，开发了在 ADE 和 MAPS 之间的通信适配模块。两个传感器节点分别位于受监控辅助的人们的腰部和大腿。具体而言，定义了两个传感器智能体：腰部传感器智能体（WaistSensorAgent）和大腿传感器智能体（ThighSensorAgent）。通过执行以下的逐步循环操作，它们的行为利用一个单平面 MPSM（参见 6.2.2 节）进行建模：

　　1）加速度计数据感知：3 轴加速度传感器根据给定的采样时间收集原始的加速度计数据（<Acc_X，Acc_Y，Acc_Z>）。

　　2）特征计算：在收集的原始速度计数据上计算特定的特征。特征计算方法如下：（i）计算 WaistSensorAgent 加速度计的所有轴的平均值；（ii）计算 WaistSensorAgent 加速度计的 X 轴的最大值和最小值；（iii）计算 ThighSensorAgent 加速度计的 X 轴的最小值。

3）特征合并和传输：计算的特征被合并成单个消息，并传送给协调器智能体。

4）转到步骤 1。

图 6.5 还显示了这种细化的循环周期是如何使用 MAPS 有限状态机进行实际编程的。

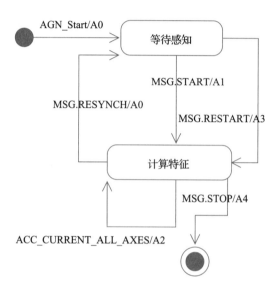

AGN_Start：启动智能体行为平面的事件
MSG.START：启动感知活动的事件
MSG.RESTART：重启感知活动的事件
MSG.RESYNCH：重新同步智能体定时的事件
MSG.STOP：停止智能体活动的事件
ACC_CURRENT_ALL_AXES：包含原始感知数据的事件

A0：初始化本层的局部变量
A1：初始化存储原始感知数据的缓冲区
　　创建用于传感器采样的定时器
　　启动感知活动
A2：用原始感知数据填充缓冲区
　　在 N 个感知周期后计算特征，并且
　　将特征发送到协调器智能体
　　启动感知活动
A3：关闭感知定时器
　　初始化本层的局部变量
　　执行动作 A1
A4：关闭感知定时器

图 6.5　传感器智能体的有限状态机：腰部传感器智能体（WaistSensorAgent）
和大腿传感器智能体（ThighSensorAgent）

参考文献［26］从以下两个方面对整个 BSN 系统进行了深入分析：

● 对传感器节点感知活动的定时间隔程度，以及对同步程度或两个传感器智能体的活动偏差的性能评估。

- 整个智能体系统对人体姿势和动作的识别准确性。

在获得的性能结果的基础上，可以说 MAPS 显示了其非常适合于对高效 BSN 应用的支持，从而证明了智能体方法不仅在 BSN 应用程序的设计和实现阶段有效，在执行期间也是有效的。此外，如果与文献中的其他工作进行比较，识别准确性也是不错的，非常令人鼓舞，文献中在身体上使用了两个以上地传感器进行人体活动识别[28]。最后，参考 MAPS 的编程有效性，基于有限状态机的 MAPS 编程模型提供了一个非常简单和直观的工具来支持 BSN 应用程序的开发。

6.7　总结

本章概述了使用面向智能体的范式对 BSN 系统进行建模和实现。我们先介绍了这种用法的动机和挑战。然后，介绍了用于开发基于 WSN 的系统的 MAPS。此外，还对 WSN 领域的相关工作以及最普及的（移动）智能体平台之间的定性比较做了讨论。最后，本章重点关注基于 MAPS 的面向智能体的 BSN 应用程序开发；具体而言，描述了基于 MAPS 的人类活动识别 BSN 系统。

参考文献

1 Gay, D., Levis, P., von Behren, R. et al. (2003). The nesC language: a holistic approach to networked embedded systems. *Proceedings of the ACM SIGPLAN 2003 Conference on Programming Language Design and Implementation*, San Diego, CA (9–11 June 2003).

2 Madden, S.R., Franklin, M.J., Hellerstein, J.M., and Hong, W. (2005). TinyDB: an acquisitional query processing system for sensor networks. *ACM Transactions on Database Systems (TODS)* 30 (1): 122–173.

3 Marin, C. and Desertot, M. (2005). Sensor bean: a component platform for sensor-based services. *Proceedings of the 3rd International Workshop on Middleware for Pervasive and Ad-Hoc Computing, MPAC'05*, Grenoble, France (28 November–2 December 2005), pp. 1–8. ACM.

4 Gummadi, R., Gnawali, O., and Govindan, R. (2005). Macroprogramming wireless sensor networks using Kairos. *Proceedings of the International Conference on Distributed Computing in Sensor Systems (DCOSS)*, Fortaleza, Brazil (10–12 June 2015).

5 Kasten, O. and Römer, K. (2005). Beyond event handlers: programming wireless sensors with attributed state machines. *Proceedings of the 4th International Symposium on Information Processing in Sensor Networks*, Los Angeles, CA (24–27 April 2005).

6 Fok, C.-L., Roman, G.-C., and Lu, C. (2009). Agilla: a mobile agent middleware for sensor networks. *ACM Transactions on Autonomous and Adaptive Systems* 4 (3): 1–26.

7 Rogers, A., Corkill, D., and Jennings, N.R. (2009). Agent technologies for sensor networks. *IEEE Intelligent Systems* 24: 13–17.

8 Vinyals, M., Rodriguez-Aguilar, J.A., and Cerquides, J. (2010). A survey on sensor networks from a multiagent perspective. *The Computer Journal* 54 (3): 455–470.

9 Wooldridge, M.J. and Jennings, N.R. (1995). Intelligent agents: theory and practice. *The Knowledge Engineering Review* 10 (2): 115–152.

10 Aiello, F., Fortino, G., Gravina, R., and Guerrieri, A. (2009). MAPS: a mobile agent platform for Java Sun SPOTs. *Proceedings of the 3rd International Workshop on Agent Technology for Sensor Networks (ATSN-09)*, jointly held with the *8th International Joint Conference on Autonomous Agents and Multiagent Systems (AAMAS-09)*, Budapest, Hungary (12 May 2009).

11 Aiello, F., Fortino, G., Gravina, R., and Guerrieri, A. (2011). A Java-based agent platform for programming wireless sensor networks. *The Computer Journal* 54 (3): 439–454.

12 MAPS – Mobile Agent Platform for Sun SPOT. Documentation and software. http://maps.deis.unical.it (accessed 23 August 2015).

13 Sun SPOT. Documentation and code. www.sunspotdev.org (accessed 14 June 2017).

14 Zhu, H. and Alkins, R. (2006). Towards role-based programming. *Proceedings of CSCW'06*, Banff, Alberta (4–8 November 2006).

15 Yoneki, E. and Bacon, J. (2005). A survey of Wireless Sensor Network technologies: research trends and middleware's role. *Tech. Rep. UCAM-CL-TR-646*, University of Cambridge.

16 Karnik, N.M. and Tripathi, A.R. (1998). Design issues in mobile-agent programming systems. *IEEE Concurrency* 6: 52–61.

17 Lange, D.B. and Oshima, M. (1999). Seven good reasons for mobile agents. *Communications of the ACM* 42 (3): 88–90.

18 Fortino, G., Garro, A., and Russo, W. (2008). Achieving mobile agent systems interoperability through software layering. *Information & Software Technology* 50 (4): 322–341.

19 TinyOS. Documentation and software. www.tinyos.net (accessed 9 June 2017).

20 Kwon, Y., Sundresh, S., Mechitov, K., and Agha, G. (2006). ActorNet: an actor platform for wireless sensor networks. *Proceedings of the 5th International Joint Conference on Autonomous Agents and Multiagent Systems (AAMAS)*, Hakodate, Japan (28 April 2006), pp. 1297–1300.

21 Aiello, F., Fortino, G., Galzarano, S., and Vittorioso, A. (2012). TinyMAPS: a lightweight Java-based mobile agent system for wireless sensor networks. In *Fifth International Symposium on Intelligent Distributed Computing (IDC2011)* (5–7 October), Delft, the Netherlands. In *Intelligent Distributed Computing V, Studies in Computational Intelligence*, 2012, Vol. 382/2012, pp. 161–170. doi: 10.1007/978-3-642-24013-3_16.

22 Muldoon, C., O'Hare, G.M.P., O'Grady, M.J., and Tynan, R. (2008). Agent migration and communication in WSNs. *Proceedings of the 9th International Conference on Parallel and Distributed Computing, Applications and Technologies*, Dunedin, New Zealand (1–4 December 2008).

23 Luck, M., McBurney, P., and Preist, C. (2004). A manifesto for agent technology: towards next generation computing. *Autonomous Agents and Multi-Agent Systems* 9 (3): 203–252.

24 Bellifemine, F., Poggi, A., and Rimassa, G. (2001). Developing multi agent

systems with a FIPA-compliant agent framework. *Software Practice and Experience* 31: 103–128.

25 Fortino, G. and Russo, W. (2012). ELDAMeth: an agent-oriented methodology for simulation-based prototyping of distributed agent systems. *Information & Software Technology* 54 (6): 608–624.

26 Aiello, F., Bellifemine, F., Fortino, G. et al. (2011). An agent-based signal processing in-node environment for real-time human activity monitoring based on wireless body sensor networks. *Journal of Engineering Applications of Artificial Intelligence* 24: 1147–1161.

27 Bellifemine, F., Fortino, G., Giannantonio, R. et al. (2011). SPINE: a domain-specific framework for rapid prototyping of WBSN applications. *Software: Practice and Experience* 41 (3): 237–265.

28 Maurer, U., Smailagic, A., Siewiorek, D.P., and Deisher, M. (2006). Activity recognition and monitoring using multiple sensors on different body positions. *Proceedings of the International Workshop on Wearable and Implantable Body Sensor Networks (BSN'06)*, Cambridge, MA (3–5 April 2006), pp. 113–116. IEEE Computer Society.

协同人体传感器网络

7.1 介绍

可穿戴系统在促进和增强很多以人为中心的领域的重要性已经被广泛证实和讨论。然而，尽管它们颇具潜力，但是目前基于 BSN 的系统主要还是用在监控单一个体的应用。而且，当前的 BSN 框架旨在有效支持轻松高效地开发远程实时监控应用程序，这些应用程序基于多传感器 / 单协调器的配置，利用网络为人们提供辅助。由于在很多领域（健康护理、娱乐、社交互动、运动和紧急情况等），越来越多的应用程序需要不同并且更复杂的基于 BSN 的架构，以单一个体监测为中心便不再满足这些新应用的要求。

因此，对于新的多 BSN 基础架构（本书后面称为协作人体传感器网络（CBSN））的需求非常有助于催生出一些新颖的应用，这些应用基于在一组个体中采用协作的方式，其中单个 BSN 必须相互协作才能正确监控和识别团体活动，以实现共同的目标。

本章介绍一种 CBSN 应用程序的参考架构，它可以实现单个 BSN 之间的交互。此外，还描述了一个新的编程框架协作 *SPINE*（C-SPINE）[1, 2]，专门用于完整实现所提出的 CBSN 架构。作为 SPINE 框架[3, 4]（见第 3 章）的增强版本，它提供了特定的数据通信、多传感器数据融合、协同处理和联合数据分析功能，以此促进新颖而智慧的可穿戴系统的发展，使其能够适用于当前和未来的网络物理普适计算环境。

7.2 背景

当前，大多数使用可穿戴系统的应用都依赖于 BSN 基础架构，这种架构由一组传感器节点与单个协调器设备（基站 -BS）组成，彼此通过无线方式连接起来，这样，一般情况下就能够在本地或远程获得个人的信息。

然而，今天复杂的应用场景需要更多的动态和灵活的交互组件，因此，为了提供更多功能，就需要定义新的 BSN 类型。下面介绍了几种可能的 BSN 基础架构类型。根据主要的通信 BSN 组件之间的"逻辑互连"对它们进行分类，即个人佩戴的传感器节点和协调器/BS（描述为智能手机），而不考虑实际底层物理网络的拓扑结构。如图 7.1 所示，我们有以下的 BSN 逻辑基础架构：

a）单人-单基站（SBSB）（图 7.1a）：单人的可穿戴设备与单个 BS 通信。这是目前可用的最常见的人体监测应用配置，其目的是获取、处理和存储（本地或远程）个体的生物医学信号。

b）单人-多基站（SBMB）（图 7.1b）：这样的配置使单个 BSN 能够与多个 BS 之间进行通信。一个典型的场景可能是在家庭自动化环境中，单人能够与位于环境中不同位置的 BS 进行交互。

c）多人-单基站（MBSB）（图 7.1c）：多个 BSN 可以由单个 BS 协调，使得不同个体之间能够间接交互。一个例子是游戏场景中，设备（智能电视或游戏机）可以增强穿戴了传感器的一群人的社交体验。

d）多人-多基站（MBMB）（图 7.1d）：多个 BSN 可以互换、动态地与多个 BS 通信。在更复杂的场景下（例如，在大规模灾害期间）需要这种配置，救援队伍的紧急干预需要更加有效和自动化的协同，以及对受害者情况的信息能有更好的传递。

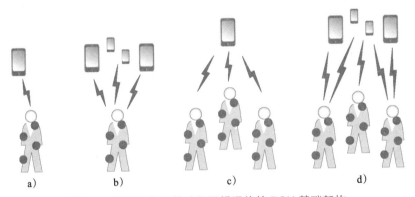

a)　　　　　b)　　　　　c)　　　　　d)

图 7.1　基于个体和基站间逻辑通信的 BSN 基础架构

7.3　动机和挑战

到目前为止，基于不同 BSN 基础架构的特点，还没有开发出和提出一个 BSN 专用的解决方案或编程框架（在第 2 章中讨论过），用于直接支持多 BSN 配置。事实上，它们中的大多数是围绕在单 BSN 环境中执行多传感器数据融合[5]的基本需求进行设计的，并且一般通过遵循以下三层架构来实现：

1）传感层：该模块提供来自人体传感器的采样获取和信号数据的收集功能。除了提取原始数据，它通常还计算基本的特征提取功能，如最小值、最大值、均值、方差等。

2）分析层：从提取的特征集开始，该层负责选择和加入最重要的特征，这是通过进一步提供一些诸如分类器的决策算法实现的。

3）分发层：来自分析层的高层信息被传递到某些用户应用程序，应用程序可以是本地的（即在协调器 /BS 设备上），也可以是远程执行的。

这种三层架构缺乏对 BSN 之间的通信和协同，以及分布式处理功能提供支持的基本能力，而这是成功地支持多人多基站配置所需的组态。

因此，本章提出了用于 CBSN 的新型参考架构，其设计完全遵守所有可能的 BSN 配置。这种通用架构后来被当作实现支持框架的指南，旨在促进协作型 BSN 应用的发展。特别是，对 CBSN 基础架构的需求能够被更好地激发，因为它能够轻松地实现新的服务，让单个 BSN 之间进行彼此交互（在其他 BSN 配置中尚未解决）：

- 客户端 / 服务器服务：一对 BSN 可以在标准的客户端 / 服务器通信范式下进行交互，其中服务器 BSN（例如，受监控的个人）提供服务，让客户端 BSN 发出（i）持续的监控请求，或（ii）单个数据请求。对于前者，服务器 BSN 不断地将信息推送给客户端，而后者则是更典型的单一请求回复（single-reply-upon-request）模型。
- 广播业务：BSN 可以广播（推送）信息，而无须被以下二者询问：①个人佩戴的传感器，或②被个体条件触发的告警 / 事件（例如，跌倒或心碎等危险状态）。
- 协同服务：用于在 BSN 之间直接交互上执行特定的任务，并基于点对点模型进行信息交换。他们通常检测和识别群体活动，以及与此相关的基于隐式或显式的多用户交互事件。

尽管存在诸多好处，但这些服务在实现 CBSN 应用程序框架时造成了进一步的挑战，这是因为该框架需要成功满足新的特定要求：

- BSN 间通信：所有上述类型的服务模型均需要实现可靠且稳健的 BSN 间通信机制。
- BSN 接近检测：提供适当的接近检测协议对管理邻居 CBSN 非常重要。

- 发现 BSN 服务：与 BSN 接近检测系统互补，一个 CBSN 应该依赖于动态但明确规定的（可能是标准的）服务发现方法。
- 选择和激活 BSN 服务：采用类似的方式，在选择和激活服务时，需要根据特定的协议实现共同的机制。
- 协同多传感器数据融合：群体活动分类／检测的特定分布式算法代表了在 CBSN 环境下的主要任务（和挑战）。

7.4 最新技术

如前所述，迄今为止所提出的大多数 BSN 解决方案或开发出的编程框架并没有为多 BSN 的基础架构提供直接支持，因为它们基本上都围绕多传感器数据融合方法进行设计，并且遵循在上一节中介绍的三层架构来实现。

参考文献［6］提出了一个姿势和动作识别系统，该系统融合了来自多个双轴加速度计的数据。放置在人体不同位置的角速度、水平和垂直加速度传感器通过卡尔曼滤波器（KF）进行估计，由此产生人体各部位的弯曲角度，这些角度作为肢体和躯干位置的实时指标，根据训练隐马尔可夫模型（HMM）库进行处理（使用统计学、时间和光谱特征）和识别，并融合在一起，进而推断出整个身体的姿势或动作。

参考文献［4，7］的作者提出了一种人类活动识别系统，该系统使用放置在右侧大腿和腰部的两个 3 轴加速度计。特定的特征从固定长度的周期窗口收集的数据中被提取出来，其中包括：腰部加速度计所有轴上的最大、最小、平均和总能量，以及大腿传感器加速度计 x 轴的最大值。这些特征值之后利用基于 k-NN 的决策树进行合并和分类，以此来识别不同的动作，例如，站着不动、坐着、躺着、走路、跌倒事件以及跌倒的程度。

在参考文献［8］中，不同的人体姿势（坐、蹲、站着不动、躺着）以 D-S 证据理论为基础，通过使用多传感器数据融合方法来检测。来自放置在小腿、大腿、手臂和腰部的 3 轴加速度计的经验证据被提取出来，这样，每个轴的重力加速度范围就能被定义，并与每个感兴趣的动作关联起来。首先利用证据理论定义基本信任函数，然后在实时观察的基础上进行组合，以产生更加准确的姿势识别功能。

参考文献［9］提出了一种新的多目标贝叶斯特征选择框架（BFFS）以及搜索最优解的方法。它可以在 BSN 系统中被采用，通过消除冗余特征来减少相关特征的数量，以此来识别对决策过程不产生重要影响的传感器。此外，还提出了基于模型学习和推理算法的情境式多传感器数据融合方法，用于识别个体的活动。

参考文献［10］的作者提出了自我修复方法来检测来自传感器的数据错误。具体来说，它展示了用于人类活动识别的 BSN 系统的准确性是如何受到不同类型的错误数据的影响的。之后又提出了滤波方法，以改善传感器数据的质量，提高识别的准确率。

在参考文献［11］中，作者旨在通过提出潜在结构影响模型的构想来提高分类的鲁棒性，以防止传感器故障。该模型能够捕获（包括嘈杂／错误的）不同感知过程的相关性。一个能够识别八个位置、六个说话／非说话状态、六种姿势和八种动作的 BSN 系统被用作案例进行研究。

7.5　协同 BSN 参考架构

所提出的用于支持 CBSN 基础架构的建议参考架构可以从网络视角和功能视角两个不同的角度来描述：

- 网络架构，用基本术语和应用程序的特定交互协议展示 BSN 之间的通信。
- 功能架构，定义主要功能块的类型和活动，这些功能块负责管理整个系统，并根据实际应用执行某些特定任务。

如图 7.2 所示，CBSN 网络架构由几组可穿戴传感器（WS）和基站（BS）组成。在图片中，我们假设每个 CBSN 都由 BS 控制，该 BS 通过应用级的 BSN 内通信方式来管理传感器节点，通常实现基于物理星形拓扑的单跳协议。一对 BS 之间的交互通过 BSN 间协议进行。如果在没有 BS 的情况下，组成 CBSN 的 WS 集则可以通过 BSN 内协议（IBP）被其他 BS 直接访问。

在下文中，列出了 IBP 提供的功能列表：

- 服务发现，用于检索构成 CBSN 的每一个 WS 的可用服务（处理、感知和开启）。
- 服务配置，用于设置发现的 WS 服务的参数。
- 服务控制，用于管理 WS 服务的操作，即激活／停用、监视和控制已配置的服务。
- 数据传输，用于在 BS 与相同 CBSN 的 WS 之间交换原始数据和／或经过处理的数据。

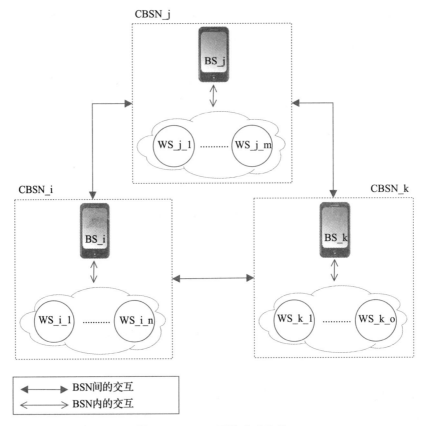

图 7.2　CBSN 网络参考架构

BSN 间的交互由某些特定的应用程序协议启用，这些特定的协议支持运行在每个 CBSN 上的高级应用程序和服务之间的协同。另外，为了提供一些基本的常用操作，应该定义一组协议：接近检测协议（PDP）、服务发现协议（SDP）以及服务选择和激活协议（SSAP）。图 7.3 显示的活动图展示了这些 BSN 之间常用的基本操作流程。特别是，PDP 用于通过信标方法来检测和管理邻近位置的其他 CBSN。当检测到 CBSN 时，SDP 用于共享和管理每个 CBSN 可以提供给其他 CBSN 的可用的服务列表：首先，广播一条服务描述请求，在接收时，一条包含服务信息的回复被发送。SSAP 负责实际控制和管理由特定应用需要的专用服务所选择的一个或多个呼叫。一旦激活并执行，这种协同服务就会通过交换一些服务专用消息来进行交互。

图 7.3　基本 CBSN 操作的活动图

图 7.4 描述了 CBSN 的功能架构，其中包括以下 BS 端的组件（其中一些之前已经有所描述）。

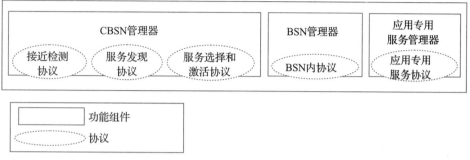

图 7.4　CBSN 功能架构组件

- CBSN 管理器通过使用 PD、SD 和 SSA 协议来管理前三个基本操作。特别是，服务可以在服务发现时被自动激活，或由 CBSN 所有者按需激活。前一种方法通常依赖于一些所有者之间的共有知识关系。
- BSN 管理器通过 IBP 处理属于 CBSN 的 WS。
- 应用专用服务管理器（ASP）通过应用专用服务协议（ASP，请参阅下一条）管理并执行应用层服务。
- 应用专用服务协议（ASP）实现在与最终应用相关的服务之间进行交互的通信机制。
- 接近检测协议、服务发现协议、服务选择和激活协议实现 CBSN 接近检测和服务发现、选择和激活的机制。
- BSN 内协议（IBP）用于协调 WS 和 BS 之间的交互。

7.6　C-SPINE：一个 CBSN 架构

一个名为 Collaborative SPINE（C-SPINE）的完全成熟的 CBSN 中间件（作为在第 7.5 节描述的参考架构的实现）已经完成开发。除了 CBSN 的特定组件，它还包括 SPINE 的传感器侧和 BS 端组件（参见第 3 章）。特别是，如图 7.5 所示，C-SPINE 由以下模块组成，以支持协同应用程序的功能：

- CBSN 间通信（Inter-CBSN Communication）依赖于 C-SPINE 的 BSN 间 OTA 协议（CIBOP），并为基本的和应用专用的服务和协议提供有效的通信层。
- BSN 接近检测（BSN Proximity Detection）实现对邻近 CBSN 的检测过程。
- BSN 服务发现（BSN Service Discovery）发现检测到的 CBSN 的可用服务。

- BSN 服务选择和激活（BSN Service Selection and Activation）实现在周围的 CBSN 中选择和激活已发现的服务的机制和规则。
- 应用专用协议和服务（Application-Specific Protocols and Services）是一组更高级的功能，用于支持和实现协同应用。

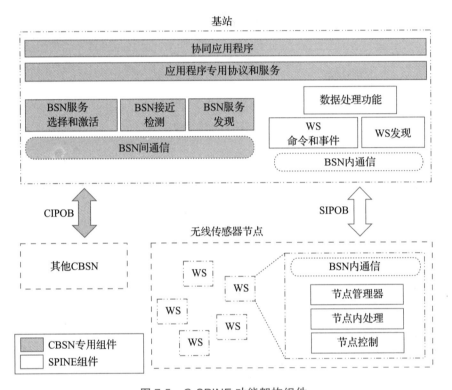

图 7.5　C-SPINE 功能架构组件

为了管理传感器节点，C-SPINE 重用 SPINE 的 BS 端的协调器组件，实现了对基于 Java 的组件和基于 Android 的设备的支持：

- BSN 内部通信根据 SPINE 内部 BSN OTA 协议（SIBOP）处理消息的发送和接收。它通过使用适当的无线电模块，从具体的与 WS 平台相关的通信协议当中抽象了出来。它目前为 TinyOS 微尘和 Sun SPOT 设备提供无线电支持。
- WS 命令和事件为开发人员提供了协同 BSN 的接口，能够激活节点的感知和处理功能，同时处理 BSN 事件（例如，新发现的节点、告警和用户数据消息），并将它们转发给注册的应用层模块。
- WS 发现管理 WS 节点的发现功能。

- 数据处理功能模块为开发人员提供信号处理、特征提取、模式识别和数据分类功能集，用于促进新的应用程序的开发。该模块还提供了 WEKA 数据挖掘工具包[12]的改编版本。

与 BS 类似，WS 通过重用以下 SPINE 的节点端组件来编程：

- BSN 内部通信通过管理无线电工作周期，使其具有与 BS 端对应部分类似的功能。
- 传感器控制是与板载传感器的接口，提供对传感器读数的采样调度和缓冲，受循环缓冲区支持。
- 节点内处理代表一组可定制的传感器数据流的信号处理功能，以及滤波器、数据聚合器和基于阈值的告警功能。
- 节点管理监督传感器控制之间的交互、节点内处理、BSN 内部通信模块，并处理来自 BS 的请求。

以下小节描述 C-SPINE 中具备协同功能的组件。

7.6.1　BSN 间通信

BSN 间通信组件为上层组件提供有效的通信机制，即基本的和 C-SPINE 应用专用的服务。特别是，它依赖于图 7.6 中描述的交互模式的子组件。通信提供者（Communication Provider）（CP）负责管理 CBSN 之间的消息交换，从而提供了一组方法，用来配置 CBSN 接收和发送特定类型的消息。每种不同类型的消息都需要特定的消息处理器（Message Handler）（MH）组件，以便能够被正确处理，并且每个消息处理程序都需要在 CP 注册，以便收到新来消息的通知。

一种依赖于上层服务和应用要求的特定的 CIBOP 协议就是根据这样的设计架构进行定义和实现的。尤其是为了正确定义新的交互协议（IP），必须完成以下步骤：

1）定义用于标识新协议的新的含义明确的消息类型。
2）创建一组 IP 专用消息，这些消息与先前定义的消息类型都属于相同的类型。
3）实现一个 MH，链接到新的消息类型，用来处理和解释一组新的消息。
4）向 CP 注册 MH。

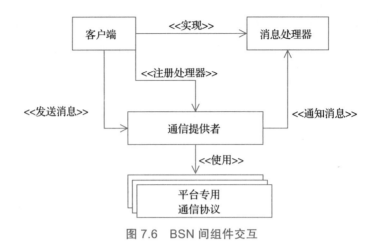

图 7.6   BSN 间组件交互

由于 BSN 间通信提供了一种支持更高级别的通信层的抽象机制，它包含了一组适配器，以便使用真正的平台专用的底层通信协议。特别是，C-SPINE 目前同时支持蓝牙和 IEEE 802.15.4 协议，具体用到哪个协议，可以根据 BS 的实际物理平台进行动态选择。

7.6.2   BSN 接近检测

基于信标机制，接近检测组件围绕网络驱动的适配方法进行设计，以控制信标率和管理邻居缓存（每个 CBSN 处理一个包含其邻居 CBSN 信息的表）。信标率（定义为频率 f_{hello}）取决于网络条件，具体取决于周转率（turnover rate）（rt）值，计算公式为：

$$r_t = \frac{N_{ndn}}{N_{nc}}$$

其中，N_{ndn} 是新发现的 CBSN 的数量，而 N_{nc} 是目前已经缓存的 CBSN 的总数量。如果 r_t 的值小于特定阈值 r_{opt}，f_{hello} 的值减小（信标间隔时间增加 Δt，后者通常设置为等于 500 毫秒），这是由于邻近几乎没有发生变化。相反，如果 r_t 大于阈值，信标间隔增加 Δt。

至于邻居的缓存，关于每个邻居 CBSNcb 的信息将作为元组存储在历史表中，其中元组具有以下结构：

$$< beacon\_time(cb), T_1(cb), T_2(cb), Wait(cb) >$$

其中 $beacon\_time(cb)$ 是从 cb 接收的最后一个信标的时间戳，$T_1(cb)$ 和 $.T_2(cb)$

是最后两个信标的接收间隔，并且 $Wait(cb)$ 是在如果没有收到新的信标的情况下，要在等待多久之后从缓存的表中移除相邻 CBSN cb 的时间量。特别地，$Wait(cb)$ 的更新方式如下：

$$Wait(cb) = \begin{cases} K * T_1(cb) & \text{如果 } T_1(cb) = T_2(cb) \\ T_1(cb) + \dfrac{T_1(cb)}{|T_1(cb) - T_2(cb)|} & \text{如果 } |T_1(cb) - T_2(cb)| \geq 1 \\ T_1(cb) + T_1(cb) * (|T_1(cb) - T_2(cb)|) & \text{如果 } 0 < |T_1(cb) - T_2(cb)| < 1 \end{cases}$$

7.6.3　BSN 服务发现

该组件负责发现成对的正在交互的 CBSN 之间的可用服务集。具体来说，C-SPINE 提供两种不同的服务发现机制：根据需求和广告驱动。前一种方法允许直接查询由接近检测组件检测到的 CBSN 附近的一个或多个邻居 CBSN，用于获取提供的服务列表。广告驱动的服务发现机制则依赖于广告消息，其中包含提供服务的列表，这些服务定期通过信标消息进行广播。

7.6.4　BSN 服务选择和激活

服务选择和激活组件允许成对的 CBSN 相互利用各自发现的服务，以此来实现运行中的应用程序所需的特定协同任务。特别地，应通过指定明确定义的规则来选择和激活服务；它还取决于正在交互的 CBSN 之间的相互认知关系，而且还可能取决于一些上下文信息。服务选择规则由以下元组定义：

$$< ID_s, R_A[, CTX] >$$

其中：

- ID_s 是用于指定某个服务的数字识别码。
- $R_A \subseteq ID_{CBSN}^n$（其中 n ≥ 2）表示在共同认知的基础上，两个或多个 CBSN 之间的关系。以下注释是关系的示例：〈 IDx，* 〉标识公共服务，〈 IDx，IDy 〉表示仅在一对 CBSN 之间启用的服务，而〈 ID1，ID2，...，IDn 〉允许一组 CBSN 使用该服务。如果正在交互的 CBSN 标识符是这种关系的一个组成部分，则 RA 成立。
- CTX 是一个可选属性，用于指定交互发生的逻辑（例如，步行）或物理情境（例如，家庭或医院）。如果正在交互的 CBSN 具备这个属性，则 CXT 成立。

当且仅当 RA 和 CXT（如果有）都成立时，规则成立。因此，服务可以被选中并激活。而且，根据制定的规则，服务的选择和激活可以手动（即由用户驱动）或自动进行配置。

7.7 总结

尽管 BSN 技术在启用和促进以人为中心的应用程序开发方面非常重要，但目前大多数已经设计和实现的系统还仅仅是为了用于监控单独个体。然而，新的应用场景需要不同的基于 BSN 的架构，这样的架构需要新颖的基于多 BSN 协同范式，以便正确完成更复杂的协同任务。因此，本章重点关注那些其独立的 BSN 方法已经不再适用的动机和需求，并描述了用于协同 BSN（CBSN）的新型参考架构。另外，提出了一个新的编程框架，称为 C-SPINE，它从 SPINE 的基本结构演变而来，并作为 CBSN 参考架构的真实实现。

参考文献

1 Fortino, G., Galzarano, S., Gravina, R., and Li, W. (2014). A framework for collaborative computing and multi-sensor data fusion in body sensor networks. *Information Fusion* 22: 50–70.

2 Augimeri, A., Fortino, G., Galzarano, S., and Gravina, R. (2011). Collaborative body sensor networks. *Proceedings of the 2011 IEEE International Conference on Systems, Man, and Cybernetics (SMC)*, Anchorage, AK (9–12 October), pp. 3427–3432.

3 Fortino, G., Giannantonio, R., Gravina, R. et al. (2013). Enabling effective programming and flexible management of efficient body sensor network applications. *IEEE Transactions on Human-Machine Systems* 43 (1): 115–133.

4 Bellifemine, F., Fortino, G., Giannantonio, R. et al. (2011). SPINE: a domain-specific framework for rapid prototyping of WBSN applications. *Software: Practice & Experience* 41 (3): 237–265. doi: 10.1002/spe.998.

5 Khaleghi, B., Khamis, A., Karray, F.O., and Razavi, S.N. (2013). Multisensor data fusion: a review of the state-of-the-art. *Information Fusion* 14 (1): 28–44. http://dx.doi.org/10.1016/j.inffus.2011.08.001.

6 Dong, L., Wu, J., and Chen, X. (2007). Real-time physical activity monitoring by data fusion in body sensor networks. *2007 10th International Conference on Information Fusion*, Quebec, Canada (9–12 July 2007), pp. 1–7. doi: 10.1109/ICIF.2007.4408176.

7 Gravina, R., Guerrieri, A., Fortino, G. et al. (2008). Development of body sensor network applications using SPINE. *IEEE International Conference on Systems, Man and Cybernetics (SMC)*, Singapore (12–15 October), pp. 2810–2815, doi: 10.1109/ICSMC.2008.4811722.

8 Li, W., Bao, J., Fu, X. et al. (2012). Human postures recognition based on D–S Evidence theory and multi-sensor data fusion. *Proceedings of the 12th IEEE/ACM International Symposium on Cluster, Cloud and Grid Computing, ccGRID 2012, IEEE Computer Society*, Ottawa, Canada (13–16 May), pp. 912–917. doi: 10.1109/CCGrid.2012.144.

9 Thiemjarus, S. (2007). A framework for contextual data fusion in body sensor networks. PhD thesis. Imperial College London.

10 Bourdenas, T. and Sloman, M. (2009). Towards self-healing in wireless sensor networks. *Proceedings of the 2009 Sixth International Workshop on Wearable and Implantable Body Sensor Networks, BSN'09*, Berkeley, CA (3–5 June 2009), pp. 15–20. Washington, DC: IEEE Computer Society. doi: 10.1109/BSN.2009.14.

11 Dong, W. and Pentland, A. (2006). Multi-sensor data fusion using the influence model. *Proceedings of the International Workshop on Wearable and Implantable Body Sensor Networks, BSN'06*, Cambridge, MA (3–5 April 2006), pp. 72–75. Washington, DC: IEEE Computer Society. doi: 10.1109/BSN.2006.41.

12 Witten, I.H., Frank, E., and Hall, M.A. (2011). *Data Mining: Practical Machine Learning Tools and Techniques*. Boston, MA: Morgan Kaufmann Publishers.

集成人体传感器网络与楼宇网络

8.1 介绍

本章从以研究和技术为导向的视角介绍人体传感器网络（BSN）和楼宇网络（BN）的集成，其中楼宇网络基于无线传感器和执行器网络（WSAN）。这种集成的目的有两方面：①通过由 BN 提供的数据收集和供应基础架构来支持基于 BSN 的室内可穿戴计算；②将来自 BSN 的数据无缝地包含到像 BN 这样的基于 WSAN 的基础设施中。这种集成也因此支持构造以人为中心的智能化环境，包括从智慧建筑到完全自动化的外界辅助生活环境。在介绍完 BN 的基础知识，并提出与 BSN/BN 集成有关的动机和挑战之后，本章将会根据基于网络的方法重点介绍集成层的定义。然后我们将会就已经定义的层级来讨论和比较 BSN/WSN 集成的最新技术进展。最后，本章介绍面向智能体的网关，它们用于基于 SPINE（参见第 3 章）集成 BSN，以及基于楼宇管理框架集成 BN。还列举了一套多种多样的以人为中心的智慧环境，通过被推荐的网关，包括更为常见的 BSN/WSN 集成，可以支持这样的环境。

8.2 背景

8.2.1 楼宇传感器网络和系统

无线传感器网络（WSN）[1]由一组微型设备组成，能够在特定环境中进行感知、计算和无线通信，从而以分布式的方式监视和控制感兴趣的事件，并共同应对紧急情况。WSN 应用涉及多个领域，例如环境和建筑监测与监视、污染监控、农业、医疗保健、家庭自动化、能源管理、地震和火山喷发监测等。应用于建筑物环境中的WSN 通常被称为楼宇传感器和执行器网络[2]，简称 BN。一个 BN 环境的例子如图8.1 所示。BN 旨在满足楼宇内居民的不同需求，例如，对于他们建筑物健康的认知、对建筑物环境的控制、有关建筑物能源管理的具体政策的推动、能源消耗与人们舒适度的权衡、环境感知社交与商业活动、安全性和保密性等。与纯粹的 WSN 不同，在 BN 中，执行器是管理设备，进而控制建筑环境的基本组件。关于 BN 系统的一些例子在文献［2-7］中有描述。在参考文献［8］中，作者提出了一组定性指标，可用于分析上述 BN 系统，尤其是开发新的 BN 系统；实际上，它们也可以被考虑作为基于 WSAN 的建筑管理系统的特定需求：

图 8.1　楼宇网络环境的一个例子

- 节点内数据处理：允许在 BN 中的节点上执行处理时在网络中创建和发送合成数据包，并减少发送到基站的原始数据的数量，这样可以降低节点（无线电是节点上最耗能的部分）能耗。此外，还能减少由 BN 节点创建的数据包数量，使得更多的节点能够共享相同的无线电信道。
- 多跳网络协议：由于 BN 节点的无线电覆盖范围较小，用于楼宇管理的框架就必须提供对多跳网络的支持，这种网络能够支持（比如说）特定的数据中心的或分层的协议[9]。
- 快速网络（重新）配置：当 BN 节点已经放置到位时，遍及所有节点对它们进行重新配置不仅太耗费时间，有时候还非常困难。这意味着一个 BN 框架必须提供对 BN 节点进行快速（重新）配置的机制，这通常是通过从空中发送的优化配置包完成的。
- 支持异构设备：楼宇管理可以要求使用仅用于特定传感器平台的专用传感器板，或者 BN 内不同节点具有不同的计算能力。为提供这种灵活性，楼宇管理的框架应提供对多平台的支持，以便包含异构的设备。

- **对执行器的支持**：管理建筑物中的执行器是至关重要的，因为它们可以远程控制设备，这样就能够应用具体的策略来实现特定的整体目标，如舒适性或节能等。

- **建筑平面图的建模抽象**：因为可以在建筑物的任何地方部署 BN 节点，所以让它们了解自身的位置是很有用的。此外，协调器应该有可能根据物理和逻辑特征（如果节点位于特定的位置，例如房间或靠近窗口，或者如果它具有特定的传感器 / 执行器，例如温度传感器），对这些节点进行编程或查询。为了提供这项服务，用于楼宇管理的框架应提供一组编程抽象来对建筑物的平面图建模。通常，为了支持这些编程抽象，BN 内的节点由若干逻辑集合或物理的群组构成，它们也可以有一部分重叠[2]。

- **决策非本地化**：在 BN 中，减少发送至基站的数据包的重要特性就是一部分功能的非本地化。建筑物中的特定节点可以具有做出一些决策、控制执行器或从其邻居收集数据进行数据聚合的能力。例如，节点可以收集房间中的温度数据，并且只把该房间内所有节点的平均温度发送给基站，或者，如果房间内的温度低于了某个阈值，某个节点就可以决定打开散热器。

- **利用人机界面进行部署管理**：一个楼宇管理框架应能提供可扩展和用户友好的图形界面，这样便于轻松管理 BN。GUI 应该能够有效地（重新）配置 BN，并直观地显示来自网络的数据。

- **用于大规模 BN 的多基站组织**：当一个 BN 的规模开始变得非常大时，例如在摩天大楼、工业仓库或多建筑结构中，网络的树深度（tree depth）会变得很大，因此，BN 中的每个数据包经过太多的跳数才能到达基站。这导致电池电量的大量浪费，进而缩短了网络的生命周期。为了减少这种现象，一个 BN 管理框架应该提供管理大规模环境的手段。BN 的多基站组织可以解决这个问题。特别地，每个基站都可以独立运行，并且仅与其他基站共享需要的内容。这样的基站可以例如作为软件智能体被开发，就像在参考文献［4］中完成的那样。

- **BN 的远程管理**：BN 用户需要的并非始终是本地和集中的管理。通常，特别是对于大型建筑物或者有多个管理员的情况，就需要 BN 的远程控制。为了提供这样的功能，可以使用的方法有很多种。在参考文献［10］中，（例如）用到了网关方法对 BN 进行远程编程，并将 GUI 与 BN 基站分离。

8.2.2　楼宇管理框架

楼宇管理框架（BMF）[2, 11]是一个专门针对特定领域的框架，用于 WSAN 节点和协调器（或基站）端的更强大的设备，例如 PC、插入式电脑、智能手机和 PDA。在建筑物和所有其他能够将传感器 / 执行器部署于环境中和物理对象上的场景下，BMF 允许进行灵活而高效的分布式感知和执行动作。BMF 提供快速的重配置、节点内处理算法、多跳路由、hw/sw 多平台支持、一种能够动态地为建筑物形态和物理空间建模的楼宇编程抽象（命名为动态群组）、执行器支持以及可扩展的应用程序编程接口。图 8.2 中描绘的 BMF 架构由协调器端和传感器节点端的两层软件组件构成。协调器和传感器节点基于多跳网络协议，通过应用程序级的 BMF 通信协议进行交互。此外，应用程序可以使用高级接口（BMF API）与协调器进行通信。在协调器上，请求调度层提供一个 API，通过该 API，对感知和执行的编程请求可以被轻松地创建和调度。请求可以寻址到单个节点或动态创建的节点组。在节点端，多请求调度层能够执行从协调器发出的多个请求。有兴趣的读者可以在参考文献［2，11］中找到所有 BMF 组件和协议的深入描述以及应用实例。

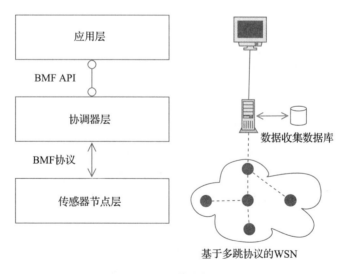

图 8.2　BMF 整体框架架构

8.3　动机和挑战

BN 和 BSN 的集成旨在促进新型智慧环境（即人性化智慧建筑）的开发，为进入以及在建筑（住宅，商业，公共和私人建筑）内部移动的人群提供有效支持。图 8.3 显示嵌入无线传感器的建筑平面环境和佩戴 BSN 的托管人员。

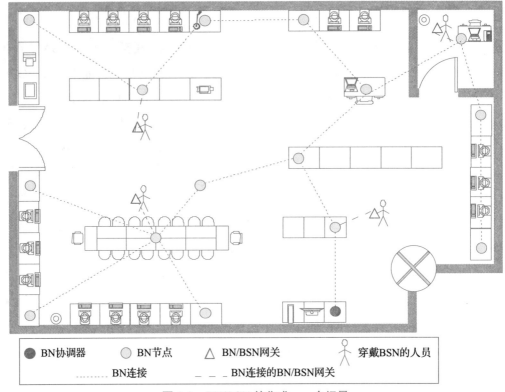

图 8.3 BN/BSN 的集成：一个场景

通过 BN/BSN 的集成所定义的主要服务，可以分为基础和高级两类。

- 基本服务：
  - 人员识别，这是识别建筑内部人员的基础。
  - 人员本地化，可以跟踪建筑内人员的位置。
  - 信息交换，可以在人与智慧建筑之间传递不同类型的信息。例如，智慧建筑可以监测人群的重要参数，用于医疗辅助。
- 高级服务：
  - 安全性，在紧急情况下为人们提供支持。例如，这项服务在发出火灾警报的情况下，能够提出逃离建筑物的最安全路径建议。
  - 保密性，通过监控授权 / 未经授权的人员，以及强制执行空间访问准入来支持建筑物的保密性。
  - 环境感知个人支持，它基于前三个基本服务，并根据建筑物的类型和人们所处的环境来提供具体服务。例如，在商业建筑中（比如商场），智慧建筑可以根据人们在接近和逛商店时被捕获到的情绪来向他们发送广告。

8.4 集成的层次

在网络的不同层次（物理层、MAC、网络层和应用层），可以设想不同类型的 BN/BSN 的集成（见图 8.4）：

- BN 和 BSN 使用相同的协议：在这种情况下，BN 和 BSN 必须是同类的（相同的物理层、MAC、网络层和应用层），这样 BSN 节点才能无缝地成为 BN 的成员。

- BN 和 BSN 只有物理层不同：在这种情况下，BN 和 BSN 的 MAC、网络层和应用层必须是同类的，并且它们必须通过网络中的集线器进行交互，这样才能在两种不同的物理媒介之间传递数据。

- BN 和 BSN 具有不同的物理层和 MAC 层：在这种情况下，BN 和 BSN 必须在网络层和应用层是同类的，并且必须通过网络中的网桥进行交互，这样才能在两种不同的 MAC 层之间传递数据。此外，网桥可以将目的地址不在其管辖的子网范围内的分组的 MAC 地址过滤掉。

- BN 和 BSN 具有不同的物理层、MAC 层和网络层：在这种情况下，BN 和 BSN 必须仅在应用层是同类的，并且必须通过路由器进行交互，而且该路由器能够把运行着不同网络协议（通常 BN 使用多跳网络协议，而 BSN 使用星形拓扑单跳协议）的网络合并在一起。路由器可以根据目的地址过滤数据。

- BN 和 BSN 具有不同的物理、MAC、网络和应用层实现：在这种情况下，BSN 和 BN 需要通过应用网关进行交互。因此，BSN 和 BN 是独立的，并且共享在两个不同的网络之间充当网关的节点。该节点知道 BSN 和 BN 所有层次的通信协议，并且会在应用层传递不同网络间的数据。

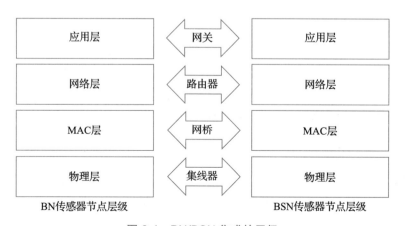

图 8.4　BN/BSN 集成的层级

在已经讨论过的集成方法中，我们认为应用网关是最合适和最可行的网关，因为它可以针对 BN 和 BSN 使用不同的协议栈和不同的传输媒介。它还允许所包含的设备（协调器、传感器和执行器）具有高度的异质性，还避免了不同层级所带来的互通性问题。安装网关最合适的节点由 BSN 协调器表示，因为我们可以假设每个 BSN 都有一个强大的协调器（智能手机、平板电脑和 PDA），它具有①连接 BN 的特定节点，并且实际上是 BN 的一个（移动）节点；②连接 BSN 节点的特定节点。一个具体的基于网关的解决方案如图 8.5 所示，其中应用级网关把基于 BMF 的 BN 和基于 SPINE 的 BSN 连接在一起。这种解决方案将在第 8.6 节中通过面向智能体的方法来实现。

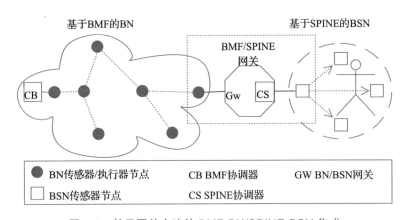

图 8.5　基于网关方法的 BMF-BN/SPINE-BSN 集成

8.5　最新技术：描述与比较

异构网络系统的集成是一个重要问题，到目前为止已经在不同的研究和工业背景下得到了解决。

在参考文献［12］中，作者设计并实现了 NETA 监控系统，该系统基于以不同平台为依托的标准代理。NETA 解决了自治且异构的不相关的 IT 系统的集成问题，因此可以跨系统进行自动监控，否则还需要人工干预。这些代理以异步方式向系统引擎（即 NETA 监控系统的核心）报告事件。它负责关联事件，以及管理每一个平台的任何问题。

不同类别网络的集成是 Buddhikot［13］的目标。集成方法的开发基于在系统中引入两个组件：一个是部署在网络中的名为 IOTA（Integration Of Two Access 技术）网关的新网络元素，另一个是新客户端软件。特别地，IOTA 网关与客户端软件合作，提供集成的 802.11/3G 无线数据服务,支持无缝的技术间移动性、服务质量(QoS)保证和多供应商漫游协议。

在参考文献[14]中,作者设计并实现了一个使用移动智能体的框架,确保了传统网络管理系统之间的信息交换。他们的目标是实现进化网络的重新设计,保留现有基础架构,并节省运营商现有的基础设施投资。该框架基于分层的分散管理体系结构,并使用网络和子网层上的代理实现。

在参考文献[15]中,作者提出了一种新的基于代理的方法,在 WSN 与现有的基于代理的空调监控系统之间转换数据。他们的目的是,证明多代理方法与无线传感器网络技术相结合可用于多空调监测应用。他们设计并实现了一个传感器网络网关,用于在基于 JADEFIPA 的多代理系统与 WSN 之间提供接口。

在参考文献[16]中,作者介绍了 JADE/MAPS 网关的设计和实现。它能够集成两个代理平台,即用于传统的分布式环境的 JADE 和用在 WSN 中的 MAPS(参见第 6.2.2 节)。这样,网关也可以支持分布式平台与 WSN 的集成。网关已经作为 JADE 的代理被实现,用来提供 JADE 与 MAPS 代理之间的通信机制,从而促进 JADE ACL 消息和 MAPS 事件之间的双向转换,同时还支持两个代理平台之间的通信路由。

在参考文献[17]中,提出了一种使用 BSN 在环境感知情况下进行连续监测的集成通信框架。这是最具代表性的工作,另一项工作与 BSN 和 WSN 相关,将在下一节描述。特别是,该论文提出了一种无线普及通信系统,支持先进的医疗保健应用。该系统基于移动 BSN 与独立的 WSN 之间的自组交互,其中的 WSN 已经在环境中完成部署,能够在日常生活场景中为辅助人们的生活而进行连续的环境感知健康监测。具体来说,该提案位于 MAC 层级:提出了一种新颖的 MAC 层协议,即 MD-STAR,旨在提高在移动 BSN 与固定 WSN 交互的场景中的同步 / 本地化的能力。但是,该系统只做过仿真评估,所以还没有真正实现。

8.6　一种基于智能体的集成网关

网关解决方案[18]的体系结构(如图 8.5 所示)已经通过基于 JADE[19] 的面向智能体的方法完成开发。特别是,基于 JADE 的网关是一个多智能体系统,由两个交互的 JADE 智能体组成:BMFAgent 和 SPINEAgent。

BMFAgent 通过封装和增强 BMF 节点的行为来连接 BMF 网络。从 BMF 网络的角度来看，BMFAgent 只是一个 BMF 节点（参见第 8.2.2 节），它使用 BMF 协议与 BMF 协调器进行交互。

SPINEAgent 通过封装 SPINE 协调器（见第 3 章）来连接 SPINE 网络。从 SPINE 网络的角度来看，SPINEAgent 只是一个 SPINE 协调器，它使用 SPINE 协议与 SPINE 节点交互。

图 8.6 列出了基于智能体的网关的类图，包括 BMFAgent 和 SPINEAgent。

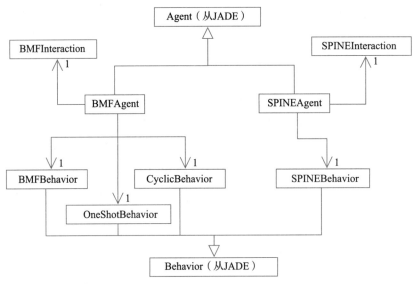

图 8.6　基于智能体网关的类图

BMFAgent 由以下几个类组成：

- BMFAgent，它是 BMFAgent 的主类。它扩展了 JADE Agent 类，并跟踪所有实例化的行为。
- BMFInteraction，它是用于与基于 BMF 的 BN 进行交互的组件。它实现了 BMF 通信协议[2]。
- BMFBehavior，它解释从 BN 发送的请求，并实例化新的一次性或周期性的行为，它还可以通过基于 ACL 的消息与 SPINEAgent 进行通信，以此来获取基于 SPINE 的系统中可用传感器的列表。
- OneShotBehavior，它是用于管理一次性请求（要么是基于阈值的，要么不是）的行为。它可以通过基于 ACL 的消息与 SPINEAgent 进行交互，以便从传感器接收数据。

- CyclicBehavior，它是用于管理周期性请求（要么是基于阈值的，要么不是）的行为。它可以通过基于 ACL 的消息与 SPINEAgent 进行交互，以便从传感器检索数据。

SPINEAgent 包含以下类：

- SPINEAgent，它是 SPINEAgent 的主类。它扩展了 JADE Agent 类。
- SPINEInteraction，它是用于与基于 SPINE 的 BSN 系统交互的组件。它实现了 SPINE 通信协议（见第 3 章）。
- SPINEBehavior，它是通过基于 ACL 的消息与 BMFAgent 进行交互的组件。它提供可用的列表传感器，从传感器收集数据，并将采样数据发送到 BMFAgent。

图 8.7 记录了 <BMFAgent 和 SPINEAgent> 配对与 BMF 协调器之间的基于 ACL 的交互过程。具体而言，只要网关被激活，BMFAgent 就会发送请求到 SPINEAgent，以检索可用的感知服务列表。感知服务基于真实或虚拟的传感器。当 BMFAgent 收到来自 SPINEAgent 的回复，它便向 BMF 协调器发送广告消息（AD-PKT），告知其可用的感知服务。这样的消息是周期性发送的。一旦 BMF 协调器接收到广告消息，它就会把基于智能体的网关作为真实的 BMF 节点包含在 BMF 网络中。从现在开始，BMF 协调器就可以向 BMFAgent 发送请求消息（REQ-PKT）了，反过来，BMFAgent 会回复一个确认消息（A-PKT）。BMFAgent 能够解释三种类型的感知请求：

- 一次性的，能够对来自所选传感器的原始或聚合后的感知数据请求一个单次读取。
- 周期性的，能够对来自所选传感器的原始或聚合后的感知数据设置周期性读取。
- 基于阈值的，对于来自所选传感器的原始或聚合后的感知数据，当这些数据服从定义的基于阈值的操作（>t、<t、>=t、<=t、=t、在 [t1，t2] 内）时，能够对其配置单次读取（或周期性读取）。

在解释请求之后，BMFAgent 创建并添加一个 JADE OneShotBehavior 来执行简单的或基于阈值的一次性请求，或一个 JADE CyclicBehavior 来执行简单的或基于阈值的周期性请求。这些行为能够向 SPINEAgent 请求数据，根据请求逻辑，处理接收数据并发送数据消息（D-PKT）到 BMF 协调器。如果 BMF 协调器想要阻止任何来自 BMFAgent 的数据消息，可以向 BMFAgent 发送一个重置消息（RS-PKT），然后 BMFAgent 就会开始将 AD-PKT 发送给 BMF 协调器。

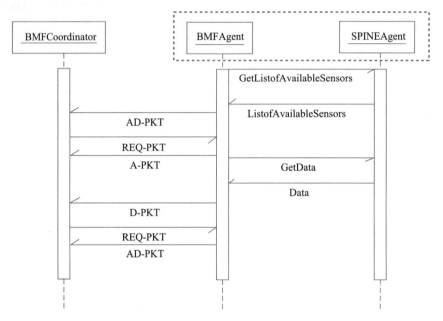

图 8.7　基于智能体的网关（<BMFAgent, SPINEAgent> 对）与 BMF 协调器之间的交互

最后，网关有一个处理移动性的机制[20]：在这种情况下可能出现一个问题是网关可能会暂时离线，因为它远离任何的 BN 节点，或者因为切换过程（即网关从一个 BN 节点分离，并连接到另一个 BN 节点）不是瞬间发生的。在这种情况下，一些从网关到 BMF 协调器的数据包可能会丢失。为了克服这个问题，网关在底层已经实现了智能缓冲；它存储发送给 BMF 协调器的数据，一旦在线，便将所有缓冲的数据发送到协调器。

8.7　应用场景

BN/BSN 的集成促进了多样化智能环境的发展，例如 AAL（环境辅助生活）环境[21]和以人为本的智慧建筑[3]。身体动作识别和监测是一个基本的构建块，可以实现上述的应用领域。实际上，身体动作识别是许多 BSN 应用中的一个基础构建块[22]。在健康应用领域，通常需要监控日常活动水平；它有助于识别异常心率变化，例如，通过将心率变化与当前正在进行的活动相关联，甚至可以应用在高度互动电脑游戏当中，作为几个应用场景的例子。智慧环境可以监控其居民的活动，以更好地支持其基本和定制的服务（见 8.3 节）。在下面的小节中，室内的人群活动监控系统通过基于智能体的方法进行设计，这在第 8.6 节中有过介绍。

室内身体活动监控

所提出的室内人群活动监测系统架构如图 8.8 所示。整个系统由 BMF 协调器、BMF WSAN 网络以及连接到基于 SPINE 的 BSN 系统的基于 BMF/SPINE 智能体的网关组成。特别是，基于 SPINE 的 BSN 系统[23, 24]仅使用放置在腰部和大腿上的两个无线运动传感器节点作为生活辅助，个人智能手机运行动作识别的应用程序，它能够检测以下四种基本活动：躺下、坐着、站着、走路。这在经历或没有经历个体训练阶段的情况下都能够实现，总体的平均准确率约为 98%[23]。此外，BSN 系统还可以报告受试者所走的步数，并检测可能导致危险情况的意外跌倒事件（例如，在检测到跌倒后，系统还会识别受试者躺下多长时间，并且根据给定的阈值，它可以触发告警信息）。BSN 系统提供的感知服务的完整列表见表 8.1。

图 8.8　室内身体活动识别系统的架构

表 8.1　用于身体活动识别的 BSN 系统的感知服务

感知服务	描述	值
活动	完成的活动	{"躺下","坐着","站着","走路"}
计步	走过的步数	整数
跌倒	人跌倒	True/False
腰部加速度计	穿戴在腰上的三轴加速度传感器	(AccX, AccY, AccZ)
大腿加速度计	穿戴在大腿上的三轴加速度传感器	(AccX, AccY, AccZ)

BN 系统允许传感服务具备不同的监控模式，这样可以由 BMF 协调器轻松地进行动态的编程：

- 连续，支持按照可编程采样率连续采集感知服务数据。
- 按需，可以在需要时查询感知服务。
- 基于警报，配置感知服务数据的特定阈值；如果满足这个阈值，则从感知服务发送通知。

值得注意的是，BN 系统不仅可以简单地监控室内的人群活动，还能够检测到特定的转换（例如，从坐着到站起来）或关键事件（例如，跌倒），并在检测到转换时发出警报。这样的系统特性对于配置以人群身份为基础的个性化监控，以及实现特定的个体和集体目标来说至关重要。

8.8 总结

本章提出了 BSN 和 BN 的集成，即用于建筑物监测和自动化的 WSAN。我们首先介绍了这种集成的动机和挑战，然后引入了分层架构，对在网络的不同层级进行集成提供支持。此外，讨论了与这种架构相关的工作以及它们之间的对比。然后，本章重点介绍了面向智能体的集成网关，实际上实现了基于 SPINE 的 BSN 与基于 BMF 的 WSAN 的集成。最后，分析了一个采用所提出的集成方法的智能化身体活动识别环境。

参考文献

1 Akyildiz, I.F., Su, W., Sankarasubramaniam, Y., and Cayirci, E. (2002). Wireless sensor networks: A survey. *Computer Networks: The International Journal of Computer and Telecommunications Networking* 38 (4): 393–422.

2 Fortino, G., Guerrieri, A., O'Hare, G.M.P., and Ruzzelli, A.G. (2012). A flexible building management framework based on wireless sensor and actuator networks. *Journal of Network and Computer Applications* 35 (6): 1934–1952.

3 Snoonian, D. (2003). Smart buildings. *IEEE Spectrum* 40: 18–23.

4 Fortino, G. and Guerrieri, A. (2012). Decentralized management of building indoors through embedded software agents. *Computer Science and Information Systems* 9 (3): 1331–1359.

5 Davidsson, P. and Boman, M. (2000). A multi-agent system for controlling intelligent buildings. *The Fourth International Conference on MultiAgent Systems (ICMAS-2000)* (10–12 July 2000), p. 377. Boston, MA: IEEE Computer Society.

6 Qiao, B., Liu, K., and Guy, C. (2006). A multi-agent system for building control. *The IEEE/WIC/ACM international conference on Intelligent Agent Technology (IAT'06), Hong Kong* (18–22 December 2006), pp. 653–659. Hong Kong: IEEE Computer Society.

7 de Farias, C.M., Soares, H., Pirmez, L. et al. (2014). A control and decision system for smart buildings using wireless sensor and actuator networks. *Transactions on Emerging Telecommunications Technologies* 25 (1): 120–135.

8 Guerrieri, A., Fortino, G., and Russo, W. (2014). An evaluation framework for buildings-oriented wireless sensor networks. *Proceedings of the 14th IEEE/ACM International Symposium on Cluster, Cloud and Grid Computing*, Chicago, pp. 670–679 (26–29 May 2014).

9 Akkaya, K. and Younis, M. (2005). A survey on routing protocols for wireless sensor networks. *Ad Hoc Networks* 3: 325–349, 5.

10 Guerrieri, A., Geretti, L., Fortino, G., and Abramo, A. (2013). A service-oriented gateway for remote monitoring of building sensor networks. *Proceedings of the 2013 IEEE 18th International Workshop on Computer Aided Modeling and Design of Communication Links and Networks (CAMAD 2013)*, pp. 139–143 (September 2013).

11 Guerrieri, A., Fortino, G., Ruzzelli, A., and O'Hare, G. (2011). A WSN-based

building management framework to support energy-saving applications in buildings. *Advancements in Distributed Computing and Internet Technologies: Trends and Issues.* Ch. XII, pp. 1–14. Hershey, PA: IGI Global.

12 Best Practice: Integrating and monitoring heterogeneous technology systems. the NYC Global Partners' Innovation Exchange website. http://www.nyc.gov/html/unccp/gprb/downloads/pdf/Tel%20Aviv_NETA.pdf (accessed 12 June 2017).

13 Buddhikot, M., Chandranmenon, G., Han, S. et al. (2003). Integration of 802.11 and third-generation wireless data networks. *The Twenty-Second Annual Joint Conference of the IEEE Computer and Communications. IEEE Societies (INFOCOM 2003)*, San Francisco, USA (30 March–3 April 2003).

14 Stanic, M., Mitic, D., and Lebla, A. (2012). A mobile agents framework for integration of legacy telecommunications network management systems. *Przeglad Elektrotechniczny* 88 (6), pp. 337–341.

15 Baker, P.C., Catterson, V.M., and McArthur, S.D.J. (2009). Integrating an agent-based wireless sensor network within an existing multi-agent condition monitoring system. *15th International Conference on Intelligent System Applications to Power Systems (ISAP'09)*, Curitiba, Brazil (8–12 November 2009).

16 Mesjasz, M., Cimadoro, D., Galzarano, S. et al. (2012). Integrating Jade and MAPS for the development of agent-based WSN applications. *The 6th International Symposium on Intelligent Distributed Computing (IDC 2012)*, Calabria, Italy (24–26 September 2012).

17 Chiti, F., Fantacci, R., Archetti, F. et al. (2009). An integrated communications framework for context aware continuous monitoring with body sensor networks. *IEEE Journal on Selected Areas in Communications* 27 (4): 379–386.

18 Fortino, G., Gravina, R., and Guerrieri, A. (2012). Agent-oriented integration of body sensor networks and building sensor networks. *Proceedings of 2012 Federated Conference on Computer Science and Information Systems (FedCSIS 2012)*, Wroclaw, Poland (9–12 September 2012), pp. 1207–1214.

19 Bellifemine, F., Poggi, A., and Rimassa, G. (2001). Developing multi agent systems with a FIPA-compliant agent framework. *Software Practice and Experience* 31: 103–128.

20 Chipara, O., Lu, C., Bailey, H.C., and Roman, G.-C. (2010). Reliable clinical monitoring using wireless sensor networks: experience in a step-down hospital unit. *8th ACM Conference on Embedded Networked Sensor Systems (SenSys 2010)*, Zurich, Switzerland (3–5 November 2010).

21 Rashidi, P. and Mihailidis, A. (2013). A survey on ambient-assisted living tools for older adults. *IEEE Journal of Biomedical and Health Informatics* 17 (3): 579–590.

22 Wang, L., Gu, T., Chen, H. et al. (2010). Real-time activity recognition in wireless body sensor networks: from simple gestures to complex activities. *The 16th International Conference on Embedded and Real-Time Computing Systems and Applications, ser. RTCSA'10*, Macau, China (23–25 August 2010), pp. 43–52. IEEE Computer Society.

23 Bellifemine, F., Fortino, G., Giannantonio, R. et al. (2008). Development of body sensor network applications using SPINE. *The 2008 IEEE International Conference on Systems, Man, and Cybernetics (SMC 2008)*, Singapore, (12–15 October 2008).

24 Giannantonio, R., Gravina, R., Kuryloski, P. et al. (2009). Performance analysis of an activity monitoring system using the SPINE framework. *The 3rd International Conference on Pervasive Computing Technologies for Healthcare, ser. Pervasive Health 2009*, London, UK (1–3 April 2009), pp. 1–8. IEEE Press.

第 9 章

Wearable Computing: From Modeling to Implementation of Wearable Systems Based on Body Sensor Networks

集成可穿戴与云计算

9.1 介绍

正如目前为止所广泛讨论的那样，可穿戴传感器和 BSN 提供了一个适用于许多以人为中心的应用平台，包括从医疗保健到游戏、运动表现分析和社交网络等。目前，公众对生物医学传感器系统和可穿戴消费电子产品表现出极大的兴趣，这些产品能够让从儿童到老年人等各类人群监测并控制他们的健康状态。在所有 BSN 场景中，BSN 用来监视受助者和收集数据流，并对数据进行实时[1]处理，然后将其存档在远程数据仓库中做离线分析。这类场景意味着要传输、存储和分析大量数据。因此，由 BSN 产生的数量如此庞大的数据就需要一个功能强大且可扩展的处理和存储平台，该平台能够支持传感器数据流的在线和离线分析。因此，本章将以研究为目的来讨论可穿戴和云计算的集成，以实现上述需求。在介绍云计算的一些基本要素，以及可穿戴计算和云计算集成的动机和挑战之后，本章通过基于云的参考架构，重点介绍虚拟化的人体传感器网络（BSN）。然后，我们将进一步讨论和比较与基于云的参考架构的特性有关的 WSN 和 BSN 虚拟化方面的最新技术。最后，本章介绍 BodyCloud，这是一种用于 BSN 应用程序开发的云辅助的 BSN 体系结构。另外讨论了可以通过人体云（BodyCloud）设计的一套多种多样的大规模社区 BSN 应用。

9.2 背景

9.2.1 云计算

云计算可以被定义为基于共享计算资源，而不是利用本地服务器或个人设备来处理应用的计算范式。云计算与网格计算[2]类似，网格计算也是一种计算范式，它将网络中所有计算机未使用的处理周期都利用起来，用于解决对单机来说过于吃力的问题。云计算[3]因此提供了灵活、健壮而强大的存储能力和计算资源，可实现动态数据集成和来自多个数据源的融合。而且，基于云计算的方法可以在数据分析工作流的管理和部署方面提供灵活性和适应性。由于可以将软件组件动态部署为基于云计算的服务，从而消除了当用户需求变化时，对新客户端应用程序的开发和部署的需求。这也激发并引入了用于开发和部署更好的服务的内在竞争环境。

云计算层（基础架构即服务 IaaS、平台即服务 PaaS 以及软件即服务 SaaS）和软件组件（例如，数据库和数据挖掘流程工具）可以被定制，以支持用于监测和分析 BSN 数据流的分布式（准）实时系统。

图 9.1 显示了云计算的生态系统图。云计算提供商将集成了数据挖掘开发环境的 IaaS 导出为 PaaS，并提供给应用程序工作流的开发者。工作流开发者将特定的应用程序作为 SaaS 部署到最终用户（例如，心血管医生收集来自许多患者的传感器数据，或医疗保健点的医务人员从受助者收集重要参数）。应用程序的前端可以针对（例如）移动设备进行开发，以确保移动性和便携性。该方法可以使用云计算标准[4]基于对开源云计算工具套件（例如，Google App 引擎 GAE、MS Azure 和 Amazon EC2）进行定制，并与知名的数据挖掘开发工具和工作流管理系统（例如 KNIME[5]、RapidMiner[6] 和 Weka[7]）进行集成。

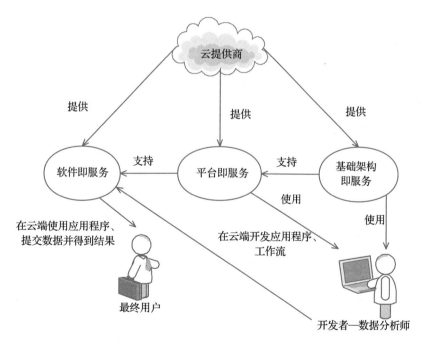

图 9.1　云计算生态系统

9.2.2　传感器流管理架构

数据流管理系统（DSMS）[8-10]用于在需要管理大量（与时间相关的）数据流时

提供快速响应时间，例如，传感器观测。DSMS 采用基于窗口的数据处理方法，并结合大纲（Synopsis）来处理大量与时间相关的数据。使用大纲有助于 DSMS 减少查询的响应时间。全球传感器网络（Global Sensor Network）（GSN）[11]、数据流管理系统（TelegraphCQ）[12]、Aurora[13] 和 Stream[14] 是 DSMS 领域中的一些众所周知的提案。

有几个研究项目提供了对 WSN 数据的访问、查询、流媒体和管理。Sensor Web 项目[15] 提供了一种动态的基础架构，它允许用户访问传感器网络以及由该网络生成的数据流。传感器信息网络架构（SINA）[16] 是用于对传感器网络进行查询、监控和任务分配的中间件。微型应用传感器套件（TASK）[17] 建立在 TinyDB 之上（TinyDB 是基于 TinyOS[18] 的知名分布式数据库），可以提供高级的元数据管理、查询配置、监控和数据可视化。这些系统在解决与大规模（无线）传感器资源和数据共享相关的挑战时非常具有吸引力。

近年来，已经有越来越多的研究开始设计和实现基于 BSN 用于电子健康应用领域的分布式平台。学术界、工业界、政府的很多国家级和国际性的研究项目都重点关注医疗保健平台的发展和部署，利用该平台，可穿戴传感器能够连接到患者，实现对重要参数的 24/7 全天候监测。此类项目的例子包括 CodeBlue[19]、DexterNet[20]、SPINE[1, 21, 22]、SPINE2[23-25] 和 Titan[26]。这些系统在低级 TinyOS 系统编程之上提供有效的编程抽象；不过，它们还不能集成基于云的基础设施，进而提供广泛的可扩展性、无缝数据流和数据分析。

9.3 动机和挑战

集群 BSN 预计会产生大量数据，也就是说，大量的（半）协同 BSN 需要强大且可扩展的存储和处理基础设施，能够支持对数据流的在线和离线分析。这些要求可以通过集成基于云计算的平台[3] 得到满足，这些平台具有以下特点：

- 利用异构传感器。
- 数据存储的可扩展性。
- 对不同类型分析的处理能力的可扩展性。
- 对处理和存储基础设施的全局和无处不在的访问。
- 轻松分享结果。
- 使用集群 BSN 服务的即付即用定价。

BSN 与云计算的集成可以在以下四个方面提供一些重要的好处：

- 管理：BSN 数据管理负责处理一些基本的任务，包括定义如何有效地收集、管理、存储和传递 BSN 数据流。与来自 BSN 的数据的收集和管理相关的实时活动在时间和 / 或空间上[27]可以是分散的。时间上的分散是指活动发生在不同的时间，并且经过调整，以便达到协同的效果，比如在一个工作流中。空间上的分散意味着活动可能发生在不同的地方，而这些活动是通过网络相互关联的。云计算基础架构可以简化分布式数据和流程的管理，并支持某些高级功能，例如不同层面的信息融合（传感器、处理过的数据和决策）[28]。

- 处理：从 BSN 收集的数据流会被处理并（有时）合并到测量复合体中，例如，把体温读数和血压合并到健康图表中，用于生活辅助。面对大量来自一组 BSN 的传入数据流，为了实时地做出关键决策，BSN 数据处理机制需要进行耗费计算和 / 或资源的快速处理。利用云计算基础设施的计算资源可以执行所需的计算资源配置[3]。

- 服务组合和调用：BSN 处理的数据通常与意义、信心和质量信息相关联。具体来说，数据与这些信息相关联：数据是如何处理的（推导），它们是被谁收集的以及原因（代理），以及它们是如何分布的（权限）。该过程可以通过自动形成工作流和调用服务进行建模和执行。它可以由基于云计算基础架构的平台完全支持。

- 分析：将 BSN 数据集导入分析工具并进行建模，这是在各种应用和决策系统中要进一步完成的任务。分析活动取决于合适的存储和中间件技术，用于执行高度敏捷的数据处理。通过使用能够提供快速响应时间的云计算基础设施的处理能力，它可以得到完全支持。

虽然在各种应用中采用 BSN 具有诸多优势，但仍有许多相关的挑战需要解决[29]。此外，BSN 与云计算基础设施的集成还提出了与数据管理、系统实现和实时计算相关的其他挑战。

在下文中，我们首先列出与 BSN 相关的挑战，然后讨论与 BSN 云计算系统相关的挑战，该系统集成了 BSN 和云计算，用于执行有效的数据流处理。

9.3.1　BSN 挑战

- 干扰减少：BSN 使用无线连接进行通信。BSN 系统应能减少 / 减轻对无线链接的干扰，并增加可穿戴传感器节点与其他联网设备的共存[30]。这对于确保

BSN 节点（以及整个 BSN 系统）的功能不会由于其他能够中断 / 干扰数据传输的设备的存在而降低来说非常重要。

- **数据验证和一致性**：从多个传感器节点收集的数据需要无缝地收集和分析。BSN 传感器受制于可能导致收集到错误数据集的内在硬件、网络和通信故障[31]。对感测数据进行验证，并且保持数据质量以减少数据中的噪音，并识别 BSN 系统中可能存在的弱点，这些都是至关重要的。
- **异构性和互操作性**：BSN 系统应能集成各种不同的传感器，这些传感器在复杂度、供电效率、存储和易于使用[20]等方面各不相同。而且，它应该在传感器和存储服务之间提供一个通用的接口，便于远程存储和查看感知数据，以及访问外部进程和网络分析工具[32]。

此外，BSN 系统还需要确保跨越不同标准的无缝数据传输，以促进信息交换、即插即用型设备交互和不间断连接[33]。

- **安全和隐私**：BSN 数据流的传输应受到保护以防止潜在的入侵[34]。而且，每个受助者的数据完整性必须被妥善维护，以保证受助者的数据不会与其他受助者的数据搞混。BSN 用户的另一个关键问题是个人数据的隐私保护[35]。一个 BSN 系统应该确保即使在使用外部工具进行分析数据时，也可以保护受助者的隐私。
- **编程**：BSN 通常使用底层 API 进行编程，这些 API 由所采用的 BSN 传感器平台（例如 TinyOS 和 ZigBee）提供。但是，要实现更快速有效的原型设计，就需要由 BSN 中间件提供更高层次的程序设计抽象[1]。

9.3.2　BSN/ 云计算集成的挑战

- **连接 BSN 与云计算基础设施**：需要在 BSN 资源与云架构之间建立一个明确定义的接口。事实上需要一个通信接口来管理 BSN 和云之间的网络连接。BSN 节点可以显露为云服务，并按照其所能提供的功能 / 服务通过索引服务进行索引。而且，预防措施的存在对于管理感知作业和来自传感器网络的数据流非常重要。因此关键技术是虚拟化。最后，集成框架应该为底层可穿戴传感器资源提供各种服务，如电源管理、安全性、可用性和服务质量（QoS）。
- **数据流管理**：数据管理包括将数据格式转换为标准格式（如果可用），为提高数据质量而进行的数据清洗和聚合，以及将数据传输到存储云。

- 复杂事件处理：来自单个或多个 BSN 的实时数据流可以触发云中特定的事件和服务。这些数据流通过复杂事件处理（CEP）算法进行分析，并在应用程序中使用这些结果通过识别上下文和情景信息进行决策制定。

- 大规模和实时处理：异构 BSN 集成所产生的大量数据是一项挑战，尤其是在实时需求的情况下。为了能够在云环境中准确地处理和存储数据，生成实时多媒体内容（例如流视频、音频和图像）的 BSN 造成了额外的问题。

- 大规模计算框架：当 BSN 数据源不在同一位置时，云中的计算和存储资源的分配，以及数据的迁移都是至关重要的。当数据集及其相应的访问／搜索服务在云中呈现地理上的分散分布时，这就尤其具有挑战性。

- 收获集体智慧：由于异构和实时的 BSN 数据馈送允许通过使用数据和决策级别的融合技术来改进决策制定，因此最大化利用来自云中大量的共存信息的智能具有很大的挑战性。

- 大规模应用开发：大规模 BSN 系统的开发是一项复杂的任务，需要合适且有效的软件工程方法和工具。具体来说，一款应用程序需要根据高级建模抽象进行设计，根据给定的方法论途径进行实现，然后使用合适的工具无缝部署到目标云平台。

9.4 云辅助 BSN 参考架构

用于集成 BSN 和云计算的通用参考架构如图 9.2 所示。

此体系结构受以下需求支持：

- 从高度分散化的 BSN 有效地收集传感器数据流。
- 有效管理传感器数据流。
- 配置可扩展框架以支持用于（甚至并发）应用服务的多传感器数据流的处理。
- 永久存储和交换传感器数据和分析结果，以启用进一步的决策制定。
- 面向工作流的决策制定应用程序通过分布式服务／组件的混合进行动态开发。
- 可以由最终用户灵活定制的高级可视化服务（包括原始和处理过的传感器数据，以及分析结果）。
- 至少针对传感器数据采集（从传感器到协调器）、传感器数据传输（从协调器到云）以及数据分析／可视化服务（云访问）的多级安全性。

第 9.4.1-9.4.7 节详细讨论了每个需求。

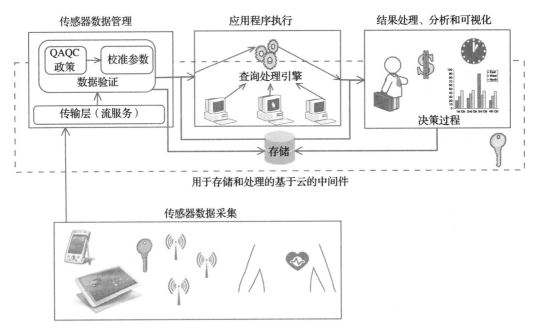

图 9.2　集成 BSN 与云计算的参考架构

9.4.1　传感器数据采集

传感器数据采集支持捕获来自 BSN 传感器节点的传感器读数，从而将原始值转换为有意义的测量值，或者根据需要直接使用预处理数据并存储（带注释的）数据。运输层用于辅助（准）实时采集大维度的传感器数据点。通常，这种数据采集与部署有关。

对于 TinyOS 传感器平台，可以使用 TinyOS SerialForwarder（用于与 TinyOS 1.x和 2.x. 兼容的微尘）直接从远程传感器捕获原始数据。还可以使用针对特定硬件的专有 API 从 BSN 直接读取原始传感器读数。实际上，BSN 中间件目前就可以用于此目的：CodeBlue[19]、Titan[26]、RehabSPOT[36]，特别是 SPINE[1, 21, 22] 和 SPINE2[23-25]提供了高级抽象机制来捕获、（预）描述和传输传感器数据到静态和移动的基站。在移动场景中，移动设备（也称为移动协调器）位于在 BSN 和云平台之间。移动协调器从 BSN 收集传感器数据，并将它们上传到云平台。例如，Android-SPINE（Android版本的 SPINE 中间件[1]）可用于支持将基于 Android 的移动设备（比如智能手机和平板电脑等等）作为 BSN 移动协调器。特别是，通过 Android-SPINE 收集的数据可以轻松地通过基于 Internet 的连接，以数据流的方式上传到云端。在 Android-SPINE中，可穿戴传感器目前基于蓝牙进行通信。

9.4.2　传感器数据管理

数据在被收集之后，通过数据校准过程进行传递，以确保收集到的传感器数据流的有效性和一致性。质量保证质量控制（Quality Assurance Quality Control，简称 QAQC）框架包含统计模型，可用于执行异常检测、丢失数据处理、聚合、检测测量变化、自动数据校正，如果需要的话，还可以在流式传感器数据中进行数据压缩[37]。特别是，应该提供数据校准 API 以支持自定义校准功能的实现，或支持对第三方数据校准包的重复使用。实际上，对数据质量的检查也可以在传感器数据采集端、传感器节点端[38]（见第 5 章）和 / 或在 BSN 协调器端进行。当校准数据流可用时，它会被显露给在云中执行的应用服务，也会存储（使用元数据注释，提供存储器中传感器流的含义）在云仓库资源中，供将来使用。通过用这样的组件来处理从众多传感器连续到达的大量的传感器流，支持云的系统应该能够提供全面的支持，以保证可靠性和鲁棒性。

9.4.3　可扩展的处理框架

应用服务（例如，ECG 数据分析、健康监测、运动表现监控和康复控制）托管在基于 VM 的用于应用程序执行的云计算基础设施中。校准数据流和云基础设施之间（即传感器数据管理和应用程序执行组件之间）的通信应该通过使用非阻塞回调 API 来完成。当数据流进入系统时，这些 API 应该允许应用服务接收经过校准的传感器数据流。由于应用程序（或服务）在 VM 内部执行，因此需要通过数据连接把实验结果传输到结果处理组件。这些 API 应能在应用服务没有响应或回调连接丢失的情况下，在一个时间窗口内缓冲数据流。因此，通过使用云系统中的永久性缓冲区在 BSN 和托管应用服务之间进行通信，将确保用户避免遭到任何潜在的数据丢失。应用程序生成的输出被传输以生成包含结果的连续的数据流，并存储在永久性存储介质中。

9.4.4　永久性存储

支持云的存储组件是云辅助 BSN 架构的基础，以便永久存储以下来源的数据：①传感器的数据收集过程；②经过处理的数据流；③数据分析结果。因此，这种依赖于时间的数据集能够以在线或离线的方式被重复使用。

永久存储组件的特征性元素如下：

- 存储虚拟化，是指在管理软件层的帮助下精简提供存储云基础设施，以实现数据可用性和安全管理的自动化。存储虚拟化可以被封装在一个精心安排的工作流中，有助于永久性和优化现有存储，以及提供新存储。
- 企业资源管理，用于减轻管理员在管理异构存储云基础架构时的负担。基于管理员的策略，基于云的 BSN 中的管理软件可以收集用于管理存储环境的信息。
- 分层存储管理通过分层存储基础架构来管理增长，并为 BSN 用户提供不同级别的服务。它用于存储空间管理，这是通过在故障情况下的自动化数据迁移和透明数据恢复实现的。
- 存档管理，存储的数据随着时间的推移不断增长，存档管理提供对 BSN 数据的保存。由基于云的 BSN 管理员的策略定义专用时间范围之后，就会将该时间范围的数据副本归档。
- 恢复管理是恢复备份 / 归档数据的能力，这样能确保持久性能能够有效持续运作。恢复管理有助于异构云存储环境中的可恢复性。
- 接口 API 用于与基于云的 BSN 架构中不同组件进行交互。提供的 API 支持这些功能：复杂功能的抽象，给应用程序的执行提供输入，数据从存储的输入和输出，以及运行时的交互。

此外，基于云的 BSN 架构可以使用 Google Bigtable[39] 或 Azure BLOB[40] 存储。这些云存储服务器能够管理跨数千个商业服务器的大规模结构化数据，从而确保永久性数据管理并满足延迟要求。

9.4.5   决策过程

一旦处理阶段的输出可用，负责结果处理的服务 / 组件就会将具体情况通知内部（用户编程）或外部决策过程（通过重用现有工具）。这个组件可以提供一组专门针对特定 BSN 场景的用户定义的策略。此外，客户决策过程应用程序可以向结果处理组件注册，以提交连续的查询，用于收集持续交付的最新结果。通过使用连续查询，客户端应用程序可以指定窗口大小（即在处理阶段使用的数据量）和变化的谓词（即对于连续查询有多么频繁的评估）。决策过程通常是面向工作流的：它是通过自动形成的工作流和服务调用来执行。这种可操作的工作流需要一个平台来支持工作流的形成和服务调用的自动化，这可以通过云基础设施实现。

9.4.6　开放标准和高级可视化

用于数据和工作流定义的开放标准允许在数据分析和数据挖掘工作流中通过处理元素传播输入数据和中间数据。它们还允许工作流组件之间的互换，并在分布式环境中执行。例如，属性 – 关系文件格式（ARFF）[41]是一种 ASCII 文本文件格式，它描述一个共享一组属性的实例列表。KNIME 工作流[5]中采用的数据流编程范式基于以 XML 为基础的工作流规范格式，并基于一种包含有关数据属性的丰富的元数据信息的中间数据格式。预测模型标记语言（PMML）[42]是一种基于 XML 的开放标准，用于描述和交换由数据挖掘算法产生的模型，并用于数据的操纵和变换。

但是，还没有开放标准用来表示和可视化数据分析结果。强大的可视化服务是必要的，因为云计算环境可以存储和处理大量的可视化服务数据。可视化服务应提供各种预定义和用户定义的对数据和分析结果的视图。可视化和视图可以使用 XML、OLAP/ 数据仓库工具和 / 或特定的图形语言 / 框架等异构语言进行实现。对于支持广泛的异构性设备的基于云的分布式环境而言，将可视化的正式规范与在给定的客户端应用程序中生成视图的图形基元进行分离是非常重要的方面。

9.4.7　安全

对于诸如 BSN 系统等以人为中心的系统来说，在从社会、道德和法律方面来看时，基于云的 BSN 中的数据（即从 BSN 收集并在云中存储和处理 / 分析的数据）是高度敏感的，应该被妥善管理，以保障人们的隐私[35]。

因此，定义全系统范围的安全机制是至关重要的，其目的是确保机密性、数据完整性以及对数据和服务的细粒度的访问控制。

我们为基于云的 BSN 设计了一个三级安全框架：

● *传感器数据采集级别*：通过数据加密来保护从传感器到 BSN 协调器之间的数据通信。可穿戴传感器节点具有有限的计算和电量资源，而数据加密要消耗时间和电量，因此需要利用专门的节点内硬件（例如，TelosB 传感器平台包含了 128 位 AES 加密硬件）。

● *传感器数据传输级别*：从 BSN 协调器到云。数据流可以通过传输层安全性（Transport Layer Security）（TLS）/ 安全套接字层（Secure Sockets Layer）（SSL）传输到云上，这是一种经过验证的技术。然而，处理移动性的新安全机制需要进行明确定义。

- 传感器数据管理和访问级别：管理和访问云上的数据和服务。在云计算基础设施中存储和处理的数据需要通过身份验证和授权措施进行保护，如需要也可以加密。而且，被该系统不同参与者使用的云服务需要通过特定的访问控制策略进行保护。

最后，由于基于云的 BSN 可以支持不同的应用领域（从医疗保健到大众外包），因此应该在应用级别引入具体的国家或跨国安全 / 隐私标准，例如医学数据处理、加工和存储方面的规范。

9.5　最新技术：描述与比较

WSN/BSN 与大规模分布式计算基础设施的集成是最近才出现的研究领域，吸引了学术界和工业界的大批研究人员，迄今为止已经提出了一些有趣的成果。在下面的内容当中，我们首先描述集成 WSN 和云计算的解决方案，然后，讨论集成 BSN 和云计算的基于云的 BSN 特定基础架构。

9.5.1　WSN 与云计算的集成

在参考文献［43］中，提出了一种用于传感器网络分析服务的 SaaS 架构。它是在 PaaS 层（例如，GAE 和 MS Azure）上实现的，分为三层：①传感器数据管理，它收集来自 WSN 网关的传感器数据流；②过滤运行时间分析，它按照管道和过滤器范式，支持对传感器数据执行处理工作流；③过滤管理、可视化和通知。这三个组件分别用于处理过滤器链的定义和管理、经过分析的数据的可视化，以及向外部应用程序发送事件通知。

参考文献［44］的作者提出了开放传感器 Web 架构（Open Sensor Web Architecture）（OSWA）。OSWA 是一个符合 OGC（开放地理空间联盟）传感器 Web 实现标准的软件基础架构，用于提供对传感器的面向服务的访问，以及管理 / 集成。OSWA 还集成了新兴的分布式计算平台，如 SOA 和网格计算。OSWA 围绕传统的网格层设计：网格、服务、开发和应用。具体来说，基于 OSWA 的平台提供许多传感器服务，比如传感器通知、收集和观察；数据收集、聚合和存档；传感器协调和数据处理；错误感知数据的校正和管理；以及传感器配置和目录服务。

在参考文献［45］中，作者提出了一种名为传感器云（Sensor-Cloud）的新的基础架构，它可以管理 IT 基础设施上的物理传感器，实现传感器的虚拟化。传感器云基础架构将物理传感器虚拟化为云计算平台上的虚拟传感器。在云计算中动态分组的虚拟传感器可以在用户需要它们时自动配置，这需要用到一个与面向工作流的服务器进行交互的门户服务器，用于执行资源管理；以及一个监视服务器，用于监控真实 / 虚拟的传感器。

SAaaS[46] 是一个支持云的 SaaS 架构，专门用于管理无线传感器和执行器网络（WSAN）。SAaaS 是一个软件堆栈，可以实现以下主要功能：包含（W）SN，智能手机或其他具有传感器和 / 或执行器的设备，以及它们在云环境中实现互操作和管理的能力；利用基于自愿的方法来处理节点参与；用于联合 SAaaS 云的功能和接口，可以是基于自愿的，也可以是商业 / 公共的。

上述文献主要描述了架构模型和 / 或案例研究，并以某种方式确定相关的开发问题。但是，仍然有许多空白需要填补，这样才能开发出针对 BSN 应用的基于云的基础架构，正如 9.4 节中提出的那样。9.5.2 节讨论的研究文献就是要填补这一空白。

9.5.2　BSN 与云计算的集成

在参考文献［47］中，作者提出了自主云环境的开发，用于托管 ECG 数据分析服务。特别是，他们提出了自动化的云环境，用于收集人员的健康数据并把它们存储到基于云的信息库，便于使用云中托管的软件服务来分析数据。为评估软件设计，开发了一个原型系统，用作特定用例的实验测试平台，该用例从志愿者实时收集心电图（ECG）数据，以执行基本的 ECG 搏动分析。ECG 软件作为 Web 服务托管，以便让任何客户端实现都可以简单地调用底层函数（分析、上传数据等），而无须经历底层应用程序的复杂性。PaaS 层使用三个主要组件控制软件的执行：容器缩放管理、工作流引擎以及 Aneka 云中间件。

参考文献［48］提出了一种用于电子健康 WSN 的安全且可扩展的基于云的架构。其目的是支持①收集来自住院和在家的患者的身体传感器数据，②用于电子健康监测的医疗数据管理。收集工作通过穿戴在患者身上的 BSN 和作为互联网网关的移动 / 静态设备进行。云基础设施用于存储和检索所收集的 BSN 数据。安全协议和机制被定义，以提供数据安全性。

参考文献［49］提出了一种云辅助 WBAN，专门设计用于家庭、医院或户外环境中普遍的医疗保健。这个系统由四个主要部分组成：WBAN、有线 / 无线传输、云服务和用户。WBAN 可以基于家庭固定网络，以及在医院和室外的移动设备（智能手机 / 平板电脑）。数据被上传到（公共和私人的）云端，从而提供多种服务（自动诊断和报警、基于位置的服务、GIS 服务、患者的实时监控和医学知识共享）。用户可以根据自己的角色访问云端，并通过社交网络连接。

最后，人体云（BodyCloud）[50, 51] 是一种新颖的支持云的系统架构，它能够将 BSN 的服务与云计算基础设施集成在一起。特别是，人体云是一种支持对传感器数据流进行存储和管理的 SaaS 架构，其中的传感器数据流由支持 SPINE 的移动 BSN 生成，人体云还能够使用在云中托管的软件服务来处理和分析存储的数据。人体云致力于支持多种跨学科应用和专门的处理任务。它支持大规模数据共享，以及用户和云中的应用程序之间的协作，并可通过具有大量传感器的移动设备提供云服务。人体云还提供面向工作流的决策支持服务，能够根据分析后的 BSN 数据采取进一步行动。人体云完全符合第 9.4 节中描述的参考架构。

9.5.3　对比

在表 9.1 和 9.2 中，根据第 9.4 节中确定的需求，对集成了 WSN 或 BSN 与云计算平台的主要可用架构进行了比较：

- 传感器数据采集：尽管所有的体系结构都提供传感器数据采集，并且传感器数据的采集基于（静态和 / 或移动）网关设备，这些网关设备从身体佩戴的传感器收集数据，并通过基于互联网的连接将它们传输到云端，但是所采用的技术在应用程序、协议和系统级别仍然有所差别。值得注意的是，SAaaS 在网关端使用了称为 Hypervisor 的复杂的软件框架，它不仅能够管理传感器读数的收集，还能够控制执行器设备。
- 传感器数据管理：它基于不同的范式（数据驱动的管道和过滤器、基于规则的规划、虚拟传感器和面向工作流）。但是，SAaaS、ECGaaS、Cloud BAN e-Health 和 Cloud-Assisted WBAN 没有指定任何传感器数据管理范式。
- 处理框架：它基本上是在 SaaS 级别或 PaaS 级别执行的传感器数据管理范式的执行引擎。CCWSN、SAaaS、Sensor-Cloud 和 BodyCloud 提供了一个由特定的 SaaS 支持的 PaaS 级别处理框架。OSWA 和 ECGaaS 的处理框架在 PaaS 级别实现。最后，Cloud BAN e-Health 和 Cloud-Assisted WBAN 不支持任何具体的处理框架。

- 永久性存储：所有的体系结构都提供云存储，但不包括 OSWA 和 Sensor-Cloud（它们基于独立数据库）以及 SAaaS（没有指定永久性存储的使用）。

- 决策过程：只有 BodyCloud 完全支持它，这是通过灵活和分散的工作流导向模型实现的。

- 可视化服务：只有 CC-WSN 和 BodyCloud 提供自定义的可视化服务。这两种架构都能够实现传感器数据和分析结果的用户定义视图，特别是 BodyCloud 架构[51]提出了一种集成基于 XML 规范的方法，用于输入数据和输出数据及其可视化。

- 安全性：只有 Cloud BAN e-Health、云辅助 WBAN 和 BodyCloud 提供安全机制。BodyCloud 目前仅基于由 GAE 支持的 OAuth 协议，用于访问云服务。Cloud BAN e-Health 提供了一个有效的安全框架，该框架①以数据加密为中心，其中加密技术基于混合 RSK（随机生成对称密钥）和 ABE（基于属性加密）方法，ABE 方法由 Health Authority 支持，它还可以对数据进行细粒度的访问控制；②以 SSL 安全通信为中心。最后，云辅助 WBAN 基于密钥管理和加密存储。

表 9.1　集成无线传感器网络与云计算的架构对比

	CC-WSN[43]	OSWA[44]	Sensor-cloud[45]	SAaaS[46]
传感器数据采集	基于 HTTP/AJAX 的 WSN 网关	基于 WSDL/SOAP 的静态网关	基于 TCP/IP 的 WSN 网关	基于管理程序框架的网关节点
传感器数据管理	管道、过滤器以及过滤器链范式	基于规则的规划	虚拟传感器	不支持
处理框架	管道、过滤器以及过滤器链 SaaS 级别的运行时间引擎（GAE 或 MsA 位于 SaaS 级别）	计划执行调度	用于提供服务的工作流引擎	Hypervisor 和云端之间的运行时隙
永久性存储	Bigtables（由 GAE 提供）或者 BLOBs（由 MsA 提供）	独立数据库	独立数据库	不支持
决策过程	不支持，授权给外部工具	不支持	不支持	不支持
可视化服务	传感器数据和分析结果的用户定义视图	原始数据可视化	不支持	不支持
安全性	不支持	不支持	不支持	不支持

表 9.2　无线传感器网络与云计算集成架构：对比

	ECGaaS[47]	Cloud BAN e-Health[48]	Cloud-assisted WBAN[49]	BodyCloud[51]
传感器数据采集	基于互联网的移动 BSN 协调器	基于互联网的静态/移动网关	基于互联网的静态/移动网关	基于 HTTP/REST 的移动安卓 BSN 协调器
传感器数据管理	不支持	不支持	不支持	面向工作流的范式
处理框架	基于 Aneka PaaS 的工作流引擎	不支持	不支持	SaaS 级别的工作流引擎（GAE 是 PaaS 级别）

（续）

	ECGaaS[47]	Cloud BAN e-Health[48]	Cloud-assisted WBAN[49]	BodyCloud[51]
永久性存储	云存储	云存储	云存储	Bigtables（由 GAE 提供）
决策过程	不支持	不支持	不支持	面向工作流的过程
可视化服务	取决于提供的研究案例	不支持	不支持	传感器数据和分析结果的基于 XML 的视图
安全性	不支持	基于 RSK/ABE 的数据加密 基于 SSL 的通信	密钥管理加密存储	通过基于 OAuth 的身份验证访问云服务

9.6 人体云：用于集群 BSN 应用的基于云的平台

人体云（BodyCloud）平台旨在集成 BSN 和云计算 PaaS 基础设施。具体来讲，人体云架构（如图 9.3 所示）由四个主要子系统组成：

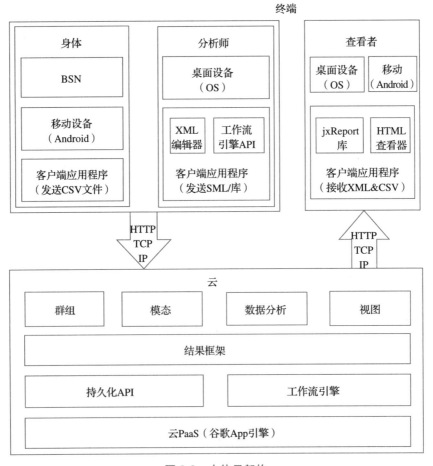

图 9.3 人体云架构

- 身体端：它是一个子系统，它通过 BSN 监视受助者，并通过支持 Java 的计算机（台式机、笔记本电脑或纳米计算机，如 Raspberry Pi）和 / 或支持 Android 的移动设备，将收集到的数据发送到云端。特别是，数据采集目前基于用于计算机的 SPINE[1] 和适用于移动设备的 Android-SPINE，它是 SPINE 中间件[1] 的 Android 版本（见第 3 章）。特别是，Android-SPINE 能够让支持 Android 的智能手机和平板电脑作为 BSN 的协调器。数据通过 SPINE 或 Android-SPINE 进行收集，然后使用实时数据反馈模态以流的方式上传到云端（参见下一条目）。在 Android-SPINE 中，可穿戴传感器与 BSN 协调器之间的通信基于蓝牙，而在 SPINE 中，通信可以基于 IEEE 802.15.4 或蓝牙。应用级 SPINE 协议[21] 提供了以下功能：传感器发现、传感器配置、节点内处理、BSN 激活 / 停用、数据收集和记录。最后，当前的 SPINE 实现完全支持 IEEE 802.15.4 TinyOS 传感器节点和基于蓝牙的 Shimmer 传感器节点。

- 云端：它是通过数据收集、处理 / 分析和可视化来完全支持具体应用的子系统。特别是，可以通过四个编程抽象来定义应用程序：群组（Group）、模态（Modality）、工作流（Workflow）和视图（View）。

  - 群组是一个 HTTP 资源，用于规范化操作特定 BSN 数据源的应用程序。特别是，群组由三个相关的子资源组成：①收集器，用于收集遵照相同数据规范的 BSN 数据；②数据，代表本群组基于不同格式（例如 CSV、ARFF 和 JSON）收集的实际数据；③贡献者，是子资源，其中包含将数据上载到群组的用户。特别是，数据是以用户为基础进行分组的。

  - 模态是一种 HTTP 资源，它指定了一个群组内身体端、云端和查看者端之间的交互。特别是，模态对一个身体 – 云端或者查看者 – 云端之间的交互进行编码，并且可以由客户端应用程序解释和执行。模态模拟特定的服务，例如，作为 BSN 数据馈送（从身体端收集数据并上传到云端）、数据分析任务以及单用户或多用户应用程序。模态定义了输入和输出数据的规范格式、数据传输协议、将数据输入转换为输出数据的处理任务流程，以及输出数据可视化的规范。最后，模态可以单独被激活，也可以分组激活，从而为用户提供服务。

  - 工作流是一种 HTTP 资源，用于规范化数据流过程，该过程分析输入数据以生成输出数据。工作流由一个或多个节点组成，通常以有向无环图进行组织。节点代表具体算法，可以根据工作流引擎库（见图 9.3）用 Java 代码开发，节点之间的链接是数据流。一旦实现之后，节点可以打包在一个 jar 文件中，并上传到云端，被不同的工作流使用。

- 视图是一种 HTTP 资源，用于对为查看者端用户提供的输出数据的可视化布局进行规范化。

- 分析师端：它是支持新的人体云应用服务的设计和实现的子系统。具体来说，用户可以通过对组、模态、工作流和视图进行定义来创建新的人体云服务。每个抽象都可以通过将一个 HTTP PUT 请求发布到相应的云端资源来创建。该方法很简单，因为它只需要一个简单的 HTTP 客户端工具作为分析师端的支持应用程序。由于工作流抽象可能需要开发新节点，分析师端也需要合适的开发环境。在新节点完成开发之后，它们就通过向相应的云端资源发出一个 HTTP PUT 请求被上传到云端。很容易得到一组预定义的节点，具体取决于所采用的工作流引擎的实现。

- 查看者端：它是通过高级图形报告工具来可视化由数据分析产生的输出的子系统，图形视图是通过将视图规范（已经在模态中定义）应用到输出数据而自动生成的。具体来说，作为当前人体云原型的一部分，一个名为 jxReport 的 Java 库被开发并且集成到客户端应用程序中。jxReport 库提供函数，从 XML 架构和数据模型生成 HTML 报告，从而能够将数据模型和视图完美分离。在生成图形报告期间，jxReport 读取模型（例如从 CSV 文件中），并且基于模型数据绘制出 XML 文档中指定的图形元素。jxReport 库非常便于移植，并且可以在任何基于 Java 的环境（例如移动或桌面）中使用。

从实现角度来看，群组、模态、工作流 / 节点和视图是由 RESTful Web 服务（Server Servlet，使用 Restlet Framework 实现）支持，因此完全基于 HTTP 方法 get、put、post 和 delete 与云端进行交互。交互时，由基于 OAuth 2.0 的 OAuth Verifier 组件进行身份验证。云端由 GAE PaaS[1] 支持，它提供数据存储 API，在此 API 之上构建了管理所收集的 BSN 数据的持久层，它还提供 Task Queue API，此 API 可以按照请求异步执行触发的任务。

9.7　工程化人体云应用程序

人体云支持用于基于 BSN 的大规模应用程序的快速原型设计的有效方法。基于人体云方法定义的 BSN 服务可以在图 9.4 所示的被组织为基于工作流的过程的五个阶段的基础上开发和部署：

1）处理／分析算法的开发和上传：通过（处理／分析）节点的形式设计、实现并上传任何自定义的处理／分析算法。所有被上传的节点都存储在云端，并且可以被任何人体云用户使用。当然，这个阶段是可选的，因为用户可以直接使用已存在于云端的算法。

2）数据源（或群组）的定义：定义了包含数据规范的群组，其中的数据可以从 BSN 收集，然后可能由在阶段 1 中所定义或者已经可以从云端获取的算法进行处理。

3）分析工作流的定义：是对数据分析过程的定义，这是通过将（上传和／或已上传）节点的组合及其静态参数导入工作流实现的。工作流的起始节点应该从数据源读取输入数据。

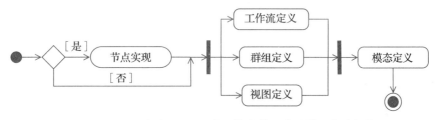

图 9.4　用于开发集群 BSN 应用的人体云方法的工作流架构

4）视图的定义：一种或多种用于处理／分析工作流生成的数据的图形格式（或视图）的定义。

5）模态的定义：至少定义身体端特定的模态和查看者端特定的模态。身体端模态应该具有类似于群组定义的输入数据规范，一个将数据上传到阶段 2 中定义的群组的动作，并且没有输出规范。查看者端模态应该作为动作来执行工作流，必须根据节点定义相应地定义其参数。其输出规格必须与工作流的输出相匹配，并包含对视图的相关引用。

在以下小节中，我们提供了四个由人体云支持的 BSN 集群应用（ECGaaS、FEARaaS、REHABaaS 和 ACTIVITYaaS）。

9.7.1　ECGaaS：心脏监测

作为服务的心电图（ECGaaS）是利用人体云方法开发的，能够监控（收集、处理、存储、分析和可视化）来自个人或一群人的 ECG 数据（例如，被照顾居民、运动员和应急队伍）。心电图是测量心脏的电学和功能活动的标准方法，通常用于诊断心血管疾病和心脏异常。特别是，在开发的应用服务中，ECG 信号在身体端通过配备 ECG 板的 Shimmer 传感器节点被捕获，并且被发送到云端，其中 R-R 间隔和心率（HR）[52] 通过作为节点部署在人体云系统中的 QRS 复合检测器算法 [53] 提取。

用于定义 ECGaaS 的特定实体（群组、模态、工作流和视图）是：

- 心电图检测（ECGMonitoring）群组，代表受监控用户的群组。
- 模态：数据馈送（DataFeed）、单独分析（SingleAnalysis）和群组分析（Group Analysis）。DataFeed 能够将心电数据从身体端传输到云端，而 SingleAnalysis 和 GroupAnalysis 则分别执行心电数据的单独和群组分析，特别是 R-R 信号的提取（也可以直接计算 HR）。DataFeed 模态的规范如图 9.5 所示，而 Group Analysis 模态的规范如图 9.6 所示。每 60 秒执行一次 DataFeed。GroupAnalysis 获得所有贡献者（即参与者的标识符），并对他们的数据执行工作流，从而提供所有参与者的血流速度图。

```
<modality>
  <inputSpecification>
    <data>
      <name>ECGShimmerSample </name>
      <type>INTEGER</type>
      <source>ECGShimmerSensor</source>
    </data>
  </inputSpecification>
  <init-action>
    <uri>/group/ecg-monitoring/data</uri>
    <method>DELETE</method>
  </init-action>
  <action>
    <uri>/group/ecg-monitoring/data</uri>
    <method>PUT</method>
    <repeat>true</repeat>
    <trigger after="60"/>
  </action>
</modality>
```

图 9.5　心电图监测数据馈送模态

- EcgToRR 工作流程（见图 9.7），它建模为由两个顺序节点组成的工作流，其中的两个节点能够通过数据读取节点来读取收集到的 ECG 用户数据，并通过 RR 节点，从 ECG 数据中提取 R-R 信号。
- Tachogram 视图，它是一种图形格式，R-R 信号将通过该图形格式呈现在查看者端。图 9.8 中描绘的 ECGaaS GUI 能够实时地图像化 ECG 点和 HR（［ bpm ］）。

```
<modality>
  <init-action>
    <uri>/group/ecg-monitoring/contributors</uri>
    <method>GET</method>
  </init-action>
  <action>
    <uri>/engine/workflow/ecg</uri>
    <method>POST</method>
    <parameter>
      <name>sourceUser</name>
      <reference xpath="//users/user"/ type="MAP">
    </parameter>
    <parameter>
      <name>sourceGroup</name>
      <value>ecg-monitoring</value>
    </parameter>
    <repeat>false</repeat>
  </action>
  <outputSpecification>
    <data>
      <name>rr</name>
      <type>DOUBLE</type>
    </data>
    <view>/view/tachogram.xml</view>
  </outputSpecification>
</modality>
```

图 9.6　心电图监测群组分析模态

```
<workflow>
  <node>
    <type>UserDataReader</type>
  </node>
  <node>
    <type>RR</type>
  </node>
</workflow>
```

图 9.7　EcgToRR 工作流

9.7.2　FEARaaS：基本的恐惧检测

除了通常在医疗保健中用于心脏状态的诊断，ECG 信号还可以用来检测情绪。事实上，ECG 对情绪和其他外部因素的生理反应非常敏感。其他方法使用面部识别来检测 / 识别情绪，然而，它们是侵入性的，因为它们需要放置电极和相机来检测人脸的微妙变化。使用 ECG 信号检测基本情绪的优点是，人们可以使用非侵入式的可穿戴心脏传感器来接受监测，比如智能手表、运动电子胸带甚至智能纺织品。一种基本的恐惧状态（这还不是认知恐惧，即一个人处于危险中的反应）可以通过分析 ECG 信号来检测。能够产生恐惧状态的基本的心脏生理反应是心脏防御反应（Cardiac Defense Response）（CDR）[54]。基于参考文献［53］中提出的 CDR 检测算法，一种基本的恐惧检测服务（FEARaaS）很容易在人体云上开发，这可以通过重用一些为 ECGaaS 定义的系统组件和实体来实现。

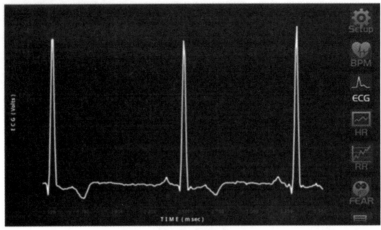

a）心电图波形图

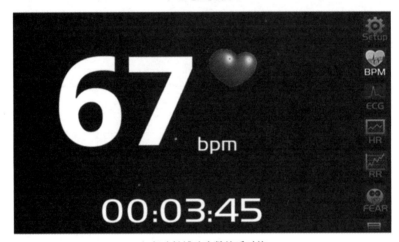

b）每分钟搏动次数的瞬时值

图 9.8　GUI 视图

用于定义 FEARaaS 的特定实体（群组、模态、工作流和视图）是：

- CDRDetection 组，代表受监控用户的群组。
- ECGDataFeed（见图 9.9）、SingleCDRAnalysis（见图 9.10）和 GroupFearDetectionAnalysis 模态。ECGDataFeed 是与 ECGaaS 中一样的模态（见第 9.7.1 节）。SingleCDRAnalysis 对单个受试者进行 CDR 检测，如果检测到 CDR，则为真，否则为假。GroupFearDetectionAnalysis 在一个群体上执行 CDR 检测，如果在给定时间段内具有 CDR 的人数超过了给定的阈值，则给出阳性结果。
- SingleCDR 工作流（参见图 9.11），它被建模为基于三个连续节点的工作流，能够①通过数据读取节点读取收集到的 ECG 用户数据，②通过 RR 节点从

ECG 数据中提取 R-R 信号，③将 CDR 检测算法应用于 R-R 信号。一个有趣的增强功能是 GroupCDR 工作流，它可以基于必须向其添加节点的 Single-CDR 工作流，而该节点用于处理群组恐惧检测算法。

```
<modality>
  <inputSpecification>
    <column>
      <name>heartbeat</name>
      <type>DOUBLE</type>
      <source>HEARTBEAT</source>
    </column>
  </inputSpecification>
  <init-action>
    <uri>/group/cdr</uri>
    <method>DELETE</method>
  </init-action>
  <action>
   <uri>/group/cdr</uri>
   <method>PUT</method>
   <repeat>true</repeat>
   <trigger after="10" />
  </action>
</modality>
```

图 9.9　CDRDetection DataFeed 模态

```
<modality>
  <init-action>
    <uri>/group/fear-detection/contributors</uri>
    <method>GET</method>
  </init-action>
  <action>
    <uri>/engine/workflow/cdr</uri>
    <method>POST</method>
    <parameter>
      <name>sourceUser</name>
      <reference xpath="//users/user"/>
    </parameter>
    <parameter>
      <name>sourceGroup</name>
      <value>cdr-monitoring</value>
    </parameter>
    <repeat>false</repeat>
  </action>
  <outputSpecification>
    <data>
      <name>cdr</name>
      <type>BOOLEAN</type>
    </data>
    <view>/view/cdrplot.xml</view>
  </outputSpecification>
</modality>
```

图 9.10　SingleCDRAnalysis 模态

```
<workflow>
  <node>
    <type>UserDataReader</type>
  </node>
  <node>
    <type>RR</type>
  </node>
  <node>
    <type>CDR</type>
  </node>
</workflow>
```

图 9.11　SingleCDR 工作流

- CDR 视图能够显示（单个或群组）由 CDR 检测提供的结果。在图 9.12 中描绘了查看者端 GUI 显示的阳性 CDR 检测结果。

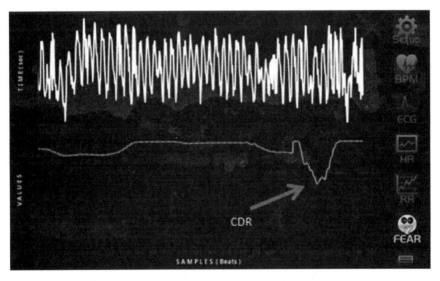

图 9.12　GUI 视图：检测到一个 CDR

9.7.3　REHABaaS：远程康复

远程康复应用服务（REHABaaS）涉及远程辅助四肢的康复。目前，涉及的关节有肘部和膝盖。该服务基于身体端，也基于配备有 3 轴加速度计的两个可穿戴设备传感器节点。传感器放置在四肢的特定位置，用于收集加速度计的数据，这些数据之后由 BSN 协调器进行处理，以提供具体的康复信息，例如肘部和膝盖的伸展角度[55]。

用于定义 REHABaaS 的特定实体（群组、模态、工作流和视图）是：

- Rehab Group 代表了受监控的需要康复的用户群组。
- RehabDataFeed 模态（见图 9.13）能够从身体端到云端传输康复数据。

```
<modality>
  <inputSpecification>
    <data>
      <sensor1Data>
        <name>AccXSample</name>
        <type>INTEGER</type>
        <source>ECGShimmerSensor1</source>
        <name>AccYSample</name>
        <type>INTEGER</type>
        <source>ECGShimmerSensor1</source>
        <name>AccZSample</name>
        <type>INTEGER</type>
        <source>ECGShimmerSensor1</source>
      </sensor1Data>
      <sensor2Data>
        <name>AccXSample</name>
        <type>INTEGER</type>
        <source>ECGShimmerSensor2</source>
        <name>AccYSample</name>
        <type>INTEGER</type>
        <source>ECGShimmerSensor2</source>
        <name>AccZSample</name>
        <type>INTEGER</type>
        <source>ECGShimmerSensor2</source>
      </sensor2Data>
      <extensionAngle>
        <name>AngleSample</name>
        <type>INTEGER</type>
        <source>BSN</source>
      </extensionAngle >
    </data>
  </inputSpecification>
  <init-action>
    <uri>/group/rehab-monitoring/data</uri>
    <method>DELETE</method>
  </init-action>
  <action>
    <uri>/group/rehab-monitoring/data</uri>
    <method>PUT</method>
    <repeat>true</repeat>
    <trigger after="1"/>
  </action>
</modality>
```

图 9.13　康复监测数据馈送模态

- Single RehabDataAnalysis Modality（见图 9.14）基于 RehabDataAnalysis（参见图 9.15）工作流对受试者执行分析，并提供有关康复进展的统计数据。

- RehabData 视图，康复数据将会通过该图形格式呈现在查看者端。图 9.16 显示了用于膝关节康复的基于 Web 的 GUI：将患者的练习与膝关节的伸展和倾斜角度，以及大腿的扭转等方式的参考练习进行比较。

9.7.4　ACTIVITYaaS：集群活动监测

ACTIVITYaaS 是一种人体云服务，支持实时、非侵入性的人体活动识别和监测。在身体端，它使用两个可穿戴运动传感器和一个个人移动设备，设备上的图形应用程序能够给用户提供即时反馈。另外，如果网络连接可用，数据也会被发送到云端，以获取长期、多用户数据的存储和处理。最后，查看者端能够远程访问经过身份验证和授权的用户的信息[56, 57]。

```
<modality>
 <inputSpecification>
  <column>
   <name>foreNode-accX</name>
   <type>INTEGER</type>
   <source>GENERIC</source>
  </column>
  <column>
   <name>foreNode-accY</name>
   <type>INTEGER</type>
   <source>GENERIC</source>
  </column>
  <column>
   <name>backNode-accY</name>
   <type>INTEGER</type>
   <source>GENERIC</source>
  </column>
  <column>
   <name>backNode-accZ</name>
   <type>INTEGER</type>
   <source>GENERIC</source>
  </column>
 </inputSpecification>
 <action>
  <uri>/group/rehab-aaservice/data</uri>
  <method>PUT</method>
  <repeat>true</repeat>
 </action>
</modality>
```

图 9.14 单独的远程监控分析模态

```
<workflow>
 <node>
  <type>UserDataReader</type>
 </node>
 <node>
  <type>Stats</type>
 </node>
</workflow>
```

图 9.15 远程监控工作流

用于定义 ACTIVITYaaS 的特定实体（群组、模态、工作流和视图）是：

- ActivityMonitoring 群组表示受监控的用户群组。
- RawAccelerationDataFeed（参见图 9.17）、FeatureDataFeed 和 ActivityDataFeed 模态分别实现以下三种运作模式：
  - Full-Cloud：身体端只收集原始数据，并直接发送到云端。然后，云端将会执行所有必需的处理（即特征提取和分类）。

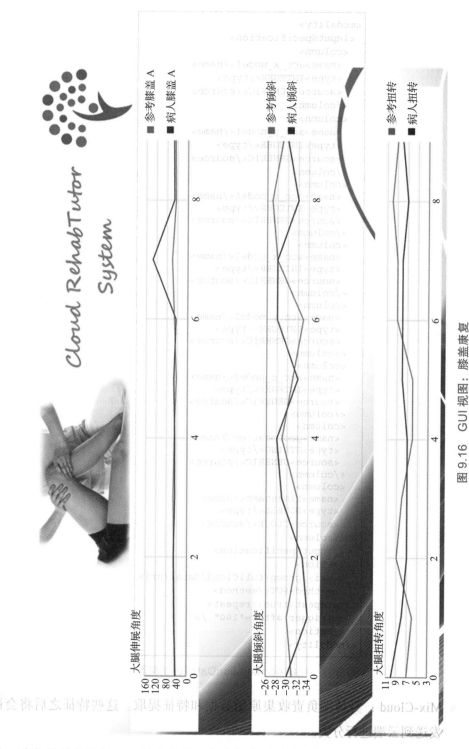

图 9.16　GUI 视图：膝盖康复

```
<modality>
 <inputSpecification>
  <column>
   <name>acc_x_node1</name>
   <type>INTEGER</type>
   <source>GENERIC</source>
  </column>
  <column>
   <name>acc_y_node1</name>
   <type>INTEGER</type>
   <source>GENERIC</source>
  </column>
  <column>
   <name>acc_z_node1</name>
   <type>INTEGER</type>
   <source>GENERIC</source>
  </column>
  <column>
   <name>acc_x_node2</name>
   <type>INTEGER</type>
   <source>GENERIC</source>
  </column>
  <column>
   <name>acc_y_node2</name>
   <type>INTEGER</type>
   <source>GENERIC</source>
  </column>
  <column>
   <name>acc_z_node2</name>
   <type>INTEGER</type>
   <source>GENERIC</source>
  </column>
  <column>
   <name>geoLocation</name>
   <type>STRING</type>
   <source>GENERIC</source>
  </column>
  <column>
   <name>timestamp</name>
   <type>DOUBLE</type>
   <source>CLOCK</source>
  </column>
 </inputSpecification>
 <action>
  <uri>/group/fullCloud/data</uri>
  <method>PUT</method>
  <repeat>true</repeat>
  <trigger after="100" />
 </action>
</modality>
```

图 9.17　RawAccelerationDataFeed 模态

- Mix-Cloud：身体端负责收集原始数据和特征提取。这些特征之后将会被发送到云端进行分类。
- Full-Local：所有处理都将在身体端完成，具体来说，包括原始数据收集、特征提取和特征分类。因此，云端仅用于统计数据的长期存储以及图形可视化。

- Single ActivityMonitoring Analysis 模态（参见图 9.18）实现对单个受试者的活动识别。

```xml
<modality>
 <init-action>
  <uri>/group/activity</uri>
  <method>GET</method>
 </init-action>
 <action>
  <uri>/engine/workflow/activity</uri>
  <method>POST</method>
  <parameter>
   <name>sourceUser</name>
   <reference xpath="//users/user" />
  </parameter>
  <parameter>
   <name>sourceGroup</name>
   <value>activity-recognition</value>
  </parameter>
  <repeat>false</repeat>
 </action>
 <outputSpecification>
  <column>
   <name>activityID</name>
   <type>INTEGER</type>
  </column>
  <view>/view/activities.xml</view>
 </outputSpecification>
</modality>
```

图 9.18　单独的 ActivityMonitoring 分析模态

- ActivityMonitoring 工作流（参见图 9.19）模拟三个顺序节点工作流程，能够 ①通过数据读取节点来读取身体活动数据，②从这些数据中提取特征，以及 ③应用动作分类算法。这样的工作流程在 ACTIVITYaaS 以 Full-Cloud 模式运行时被激活。

```xml
<workflow>
 <node>
  <type>UserDataReader</type>
 </node>
 <node>
  <type>ACTSTATS</type>
  <!-- <parameter days="1" /> -->
 </node>
</workflow>
```

图 9.19　ActivityMonitoring 工作流

- 活动视图为基于 Web 的用户正在执行的各种活动的图形表示进行建模。目前它使用一个简单的饼状图和表格，用于统计数据的可视化（参见图 9.20）。

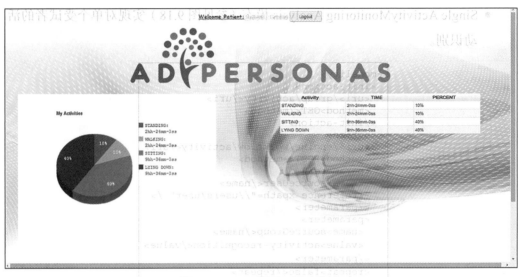

图 9.20　GUI 视图：活动统计

9.8　总结

本章概述了可穿戴计算平台（基于 BSN）和云计算之间的集成，取名为基于云的 BSN。我们首先介绍了基于云的 BSN 的动机和挑战，然后引入了一个中立于实现的用于基于云的 BSN 的体系架构。此外，我们根据所分析的需求，对相关工作进行了比较。最后，本章主要关注人体云（BodyCloud），这是一个用于集群 BAN 应用程序开发的基于云的 BSN 平台。还对 BodyCloud 的一系列尖端应用做了详细介绍，以展现出 BodyCloud 的开发效果。

参考文献

1　Fortino, G., Giannantonio, R., Gravina, R. et al. (2013). Enabling effective programming and flexible management of efficient body sensor network applications. *IEEE Transactions on Human-Machine Systems* 43 (1): 115–133. doi: 10.1109/TSMCC.2012.2215852.

2　Foster, I. and Kesselman, C. eds. (2004). The grid 2 (second edition) blueprint for a new computing infrastructure. In: *The Morgan Kaufmann Series in Computer Architecture and Design*. Burlington: Morgan Kaufmann. doi: 10.1016/B978-155860933-4/50000-6.

3　Rimal, B.P., Choi, E., and Lumb, I. (2009). A taxonomy and survey of cloud computing systems. *Fifth International Joint Conference on INC, IMS and IDC, 2009. NCM'09*, Seoul, Korea (25–27 August 2009), pp. 44–51.

4　Badger, L., Bohn, R., Chu, S. et al. (2011). US Government cloud computing technology roadmap. NIST Special Publication 500-293, Release 1.0, Volume II.

5　Berthold, M., Cebron, N., Dill, F. et al. (2006). KNIME: the Konstanz Information Miner. *Proceedings of Workshop on Multi-Agent Systems and Simulation (MAS&S), 4th Annual Industrial Simulation Conference (ISC),*

Palermo, Italy (5–7 June 2006), pp. 58–61.

6 Mierswa, I., Wurst, M., Klinkenberg, R. et al. (2006). YALE: rapid prototyping for complex data mining tasks. *Proceedings of the 12th ACM SIGKDD International Conference on Knowledge Discovery and Data Mining (KDD'06)*. Philadelphia, PA (20–23 August 2006), pp. 935–940. New York: ACM Press.

7 Hall, M., Frank, E., Holmes, G. et al. (2009). The WEKA data mining software: an update. *SIGKDD Explorations* 11 (1): 10–18.

8 Babcock, B., Babu, S., Datar, M. et al. (2002). Models and issues in data stream systems. *Proceedings of 21st ACM SIGMOD-SIGACT-SIGART Symposium on Principles of Database Systems*, Santa Barbara, CA (21–24 May 2001), pp. 1–16. New York: ACM Press.

9 Golab, L. and Özsu, M. (2003). Issues in data stream management. *ACM SIGMOD Record* 32(2): 5–14.

10 Motwani, R., Widom, J., Arasu, A. et al. (2003). Query processing, resource management and approximation in a data stream management system. *Proceedings of International Conference on Innovative Data Systems Research (CIDR'03)*, Asilomar, CA (9–12 January 2003).

11 Aberer, K., Hauswirth, M. and Salehi, A. (2007). Infrastructure for data processing in large-scale interconnected sensor networks. *Proceedings of Int'l Conference on Mobile Data Management (MDM'07)*, Mannheim, Germany (7–11 May 2007).

12 Chandrasekaran, S., Cooper, O., Deshpande, A. et al. (2003). TelegraphCQ: continuous dataflow processing. *Proceedings of International Conference on Innovative Data Systems Research (CIDR'03)*, Asilomar, CA (9–12 January 2003).

13 Abadi, D., Carney, D., Çetintemel, U. et al. (2003). Aurora: a new model and architecture for data stream management. *The VLDB Journal* 12(2): 120–139.

14 Arvind, D., Arasu, A., Babcock, B. et al. (2003). STREAM: the Stanford stream data manager. *IEEE Data Engineering Bulletin* 26.

15 Delin, K. and Jackson, S. (2001). The sensor web: a new instrument concept. *Proceedings of SPIE Symposium on Integrated Optics*, San Jose, CA (20–26 January 2001).

16 Shen, C., Srisathapornphat, C., and Jaikaeo, C. (2001). Sensor information networking architecture and applications. *IEEE Wireless Communications* 8(4): 52–59.

17 Buonadonna, P., Gay, D., Hellerstein, J. et al. (2005). Task: sensor network in a box. *Proceedings of 2nd European Conference on Wireless Sensor Networks*, Istanbul, Turkey (31 January–2 February 2005), pp. 133–144.

18 Gay, D., Levis, P., von Behren, R. et al. (2003). The nesC language: a holistic approach to networked embedded systems. *SIGPLAN Not* 38(5): 1–11. doi:10.1145/780822.781133.

19 Malan, D., Fulford-Jones, T., Welsh, M., and Moulton, S. (2004). Codeblue: an ad hoc sensor network infrastructure for emergency medical care. *Proceedings of Internationall Workshop on Wearable and Implantable Body Sensor Networks*, London, UK (6–7 April 2004).

20 Kuryloski, P., Giani, A., Giannantonio, R. et al. (2009). DexterNet: an open platform for heterogeneous body sensor networks and its applications. *Sixth International Workshop on Wearable and Implantable Body Sensor Networks, 2009. BSN 2009*, Berkeley, CA (3–5 June 2009), pp. 92, 97. doi: 10.1109/BSN.2009.31.

21 Bellifemine, F., Fortino, G., Giannantonio, R. et al. (2011). SPINE: a domain-specific framework for rapid prototyping of WBSN applications. *Software: Practice and Experience* 41 (3): 237–265. doi: 10.1002/spe.

22 Gravina, R., Guerrieri, A., Fortino, G. et al. (2008). Development of body sensor network applications using SPINE. *Proceedings of IEEE International Conference on Systems, Man, and Cybernetics (SMC 2008)*, Singapore (12–15 October 2008).

23 Raveendranathan, N., Galzarano, S., Loseu, V. et al. (2012). From modeling to implementation of virtual sensors in body sensor networks. *IEEE Sensors Journal* 12 (3): 583–593.

24 Fortino, G., Guerrieri, A., Giannantonio, R., and Bellifemine, F. (2009). Platform-independent development of collaborative WBSN applications: SPINE2. *Proceedings of IEEE International Conference on Systems, Man, and Cybernetics (SMC 2009)*, San Antonio, TX (11–14 October 2009).

25 Fortino, G., Guerrieri, A., Giannantonio, R., and Bellifemine, F. (2009). SPINE2: developing BSN applications on heterogeneous sensor nodes. *Proceedings of IEEE Symposium on Industrial Embedded Systems (SIES'09)*, special session on wireless health, Lausanne (8–10 July 2009).

26 Lombriser, C., Roggen, D., Stager, M., and Troster, G. (2007). Titan: a tiny task network for dynamically reconfigurable heterogeneous sensor networks. In *Kommunikation in Verteilten Systemen (KiVS)*. Berlin Heidelberg: Springer.

27 Dourish, P. (1995). The parting of the ways: divergence, data management and collaborative work. *Proceedings of 4th conference on European Conference on Computer-Supported Cooperative Work*, Stockholm, Sweden (10–14 September 1995), p. 230.

28 Cuzzocrea, A., Fortino, G., and Rana, O.F. (2013). Managing data and processes in cloud-enabled large-scale sensor networks: state-of-the-art and future research directions, *13th IEEE/ACM International Symposium on Cluster (Cloud and Grid Computing)*, Delft, the Netherlands (13–16 May 2013).

29 Hanson, M.A., Powell, H., Barth, A.T. et al. (2009). Body area sensor networks: challenges and opportunities. *IEEE Computer* 42 (1): 58–65.

30 Le, T.T. and Moh, S. (2015). Interference mitigation schemes for wireless body area sensor networks: a comparative survey. *Sensors* 15: 13805–13838. doi:10.3390/s150613805.

31 Sha, K. and Shi, W. (2008). Consistency-driven data quality management of networked sensor systems. *Journal of Parallel and Distributed Computing* 68: 1207–1221.

32 Fortino, G., Pathan, M., and Di Fatta, G. (2012). BodyCloud: integration of cloud computing and body sensor networks. *IEEE International Conference and Workshops on Cloud Computing Technology and Science (CloudCom 2012)*, Taipei, Taiwan (3–6 December 2012).

33 Fortino, G., Di Fatta, G., Pathan, M., and Vasilakos, A.V. (2014). Cloud-assisted body area networks: state-of-the-art and future challenges. *Wireless Networks* 20 (7): 1925–1938.

34 Tan, C.C., Wang, H., Zhong, S., and Li, Q. (2008). Body sensor network security: an identity-based cryptography approach. *Proceedings of the First ACM Conference on Wireless Network Security (WiSec'08)*, Alexandria, VA (31 March–2 April 2008), pp. 148–153. New York: ACM Press.

35 Ming, L., Lou, W., and Ren, K. (2010). Data security and privacy in wireless body area networks. *IEEE Wireless Communications* 17 (1): 51–58. doi: 10.1109/MWC.2010.5416350.

36 Zhang, M. and Sawchuk, A.A. (2009). A customizable framework of body area sensor network for rehabilitation. *Second International Symposium on Applied*

Sciences in Biomedical and Communication Technologies, 2009. ISABEL 2009, Bratislava, Slovak Republic (24–27 November 2009), pp. 1–6.

37 Klein, A. and Lehner, W. (2009). How to optimize the quality of sensor data streams. *Fourth International Multi-Conference on Computing in the Global Information Technology, 2009. ICCGI'09*, Cannes/La Bocca, France (23–29 August 2009), pp. 13–19.

38 Galzarano, S., Fortino, G., and Liotta, A. (2012). Embedded self-healing layer for detecting and recovering sensor faults in body sensor networks. *IEEE International Conference on Systems, Man and Cybernetics (SMC 2012)*, Seoul, South Korea (14–17 October 2012), pp. 2377–2382.

39 Chang, F., Dean, J., Ghemawat, S. et al. (2016). Bigtable: a distributed storage system for structured data. *8th USENIX Symposium on Operating Systems Design and Implementation (OSDI 2006)*, San Diego, CA (6–8 November 2006), pp. 205–218.

40 Calder, B., Wang, J., Ogus, A. et al. (2011). Windows Azure storage: a highly available cloud storage service with strong consistency. *23rd ACM Symposium on Operating Systems Principles (SOSP 2011)*, Cascais, Portugal (23–26 October 2011), pp. 143–157.

41 Holmes, G., Donkin, A., and Witten, I.H. (1994). Weka: a machine learning workbench. *Proceedings of the 2nd Australia and New Zealand Conference on Intelligent Information Systems*, Brisbane, Australia (29 November 1994–2 December 2 1994).

42 Guazzelli, A., Zeller, M., Chen, W., and Williams, G. (2009). PMML: an open standard for sharing models. *The R Journal* 1 (1): 60–65.

43 Kurschl, W. and Beer, W. (2009). Combining cloud computing and wireless sensor networks. *Proceedings of 11th Int'l Conf. on Information Integration and Web-based Applications & Services*, Kuala Lumpur, Malaysia (14–16 December 2009), pp. 512–518.

44 Chu, X. and Buyya, R. (2007). Service oriented sensor web. *Sensor Networks and Configuration*, pp. 51–74. Secaucus, NJ: Springer-Verlag New York, Inc.

45 Yuriyama, M. and Kushida, T. (2010). Sensor-cloud infrastructure-physical sensor management with virtualized sensors on cloud computing. *Proceedings of International Conference on Network-based Information Systems (NBiS'10)*, Takayama, Gifu, Japan (14–16 September 2010), pp. 1–8.

46 Di Stefano, S., Merlino, G., Puliafito, A. (2012). SAaaS: a framework for volunteer-based sensing clouds. *Parallel and Cloud Computing* 1 (2): 21–23.

47 Pandey, S., Voorsluys, W., Niu, S. et al. (2011). An autonomic cloud environment for hosting ECG data analysis services. *Future Generation Computer Systems* 28 (1): 147–154.

48 Lounis, A., Hadjidj, A., Bouabdallah, A., Challal, Y. (2012). "Secure and scalable cloud-based architecture for e-Health wireless sensor networks. *21st International Conference on Computer Communications and Networks (ICCCN), 2012*, Munich, Germany (30 July 2012–2 August 2012), pp. 1–7.

49 Wan, J., Zou, C., Ullah, S. et al. (2013). Cloud-enabled wireless body area networks for pervasive healthcare. *IEEE Network* 27 (5): 56–61.

50 Fortino, G., Gravina, R., Guerrieri, A., and Di Fatta, G. (2013). Engineering large-scale body area networks applications. *Proceedings of 8th Int'l Conference on Body Area Networks (BodyNets)*, Boston, MA (30 September–2 October 2013).

51 Fortino, G., Parisi, D., Pirrone, V., and Di Fatta, G. (2014). BodyCloud: a SaaS approach for community body sensor networks. *Future Generation Computer*

Systems 35: 62–79.

52 Andreoli, A., Gravina, R., Giannantonio, R. et al. (2010). SPINE-HRV: a BSN-based toolkit for heart rate variability analysis in the time-domain. *Wearable and Autonomous Biomedical Devices and Systems for Smart Environment, ser. Lecture Notes in Electrical Engineering*, vol. 75, pp. 369–389. Berlin/Heidelberg: Springer.

53 Covello, R., Fortino, G., Gravina, R. et al. (2013). Novel method and real-time system for detecting the Cardiac Defense Response based on the ECG. *IEEE International Symposium on Medical Measurements and Applications (MeMeA 2013)*, Ottawa, Canada (4–5 May 2013).

54 Gravina, R., Fortino, G. (2016). Automatic methods for the detection of accelerative cardiac defense response. *IEEE Transactions on Affective Computing* 7 (3): 286–298.

55 Fortino, G. and Gravina, R. (2014). Rehab-aaService: a cloud-based motor rehabilitation digital assistant. *2nd ICTs for improving Patient Rehabilitation Research Techniques Workshop*, Oldenburg, Germany (20 May 2014).

56 Fortino, G., Gravina, R., and Russo, W. (2015). Activity-aaService: Cloud-assisted, BSN-based system for physical activity monitoring. *Proceedings of IEEE CSCWD 2015*, Calabria (6–8 May 2015).

57 Gravina, R., Ma, C., Pace, P. et al. (September 2016). Cloud-based activity-aaService cyberphysical framework for human activity monitoring in mobility. *Future Generation Computer Systems* 75: 158–171.

BSN 系统开发方法

10.1 介绍

设计 BSN 系统是一项复杂的任务，应该采用正式的方法，这样才能获得正确、有效且划算的解决方案。最常见的方法是自下而上：硬件组件被"先验"选择，然后是通信协议，最后在已识别的底层基础设施之上编写应用程序。相反的设计方法是自上而下：将驱动设计进程的高级应用需求映射到应用程序级框架，即一组编程抽象和库，随后，定义协议栈和硬件平台。

本章介绍基于 SPINE 框架开发 BSN 系统的方法，该方法遵循混合硬件和软件协同设计方法，即基于平台的设计（PBD）。

10.2 背景

PBD[1] 最初是作为传统嵌入式系统的设计方法而被引入的，而最近也被引入了无线传感器网络的设计方法当中。这种方法将设计定义为从最初的高级系统描述到实际实现的一系列步骤，每个步骤都是一个迭代细化的过程，将更高级别的描述转换为更低级别的描述，并逐渐接近最终的实现。每个细化步骤通过将更高级别描述的所有组件映射到来自较低级别描述的组件（或组件的组成）的方式来获得。映射是通过解决约束优化问题而得出的：选择是在根据设计师定义的成本函数进行优化的同时，还要满足更高级别描述约束的映射。对于每一层的抽象，这些组件以及它们的接口描述和性能被存储在一个称为平台的库中。抽象的初始级别越高，功能和约束的制定就越容易，但是，鉴于规范和实现之间的语义差别，也就更难以达到高质量的转换。

每个细化步骤都采用混合方法进行，其中应用约束以自上而下的方式进行细化，架构性能以自下而上的方式进行抽象，中间相遇阶段决定了如上所述的实际实现。

PBD 方法的规范化基于 Agent Algebra[2]，它代表了描述细化过程的正式工具，细化是根据平台元素表达的功能。

三个代理域用于描述映射过程和性能评估：前两个分别代表平台和功能，第三个，称为通用语义域（CSD），是一种中间体域，它能够将函数映射到平台实例。如图 10.1 右侧所示的一个平台，对应于实现搜索空间。图 10.1 左侧的功能对应于规范域。功能和平台在 CSD 相遇，这个域扮演共同细化的角色，并且用于组合与映射过程相关的平台和规范域的属性。功能被映射到 CSD，如图 10.2 所示。一个平台实例通过考虑能够用该特定实例实现的代理被投射到 CSD 上。由图 10.2 中从平台起始的箭头所表示的这个投影可能有或没有最大的元素。如果有的话，最大的元素代表了可由该实例实现的功能的不确定性选择。

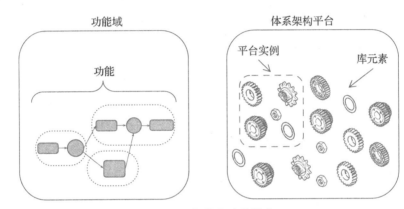

图 10.1　架构和功能平台

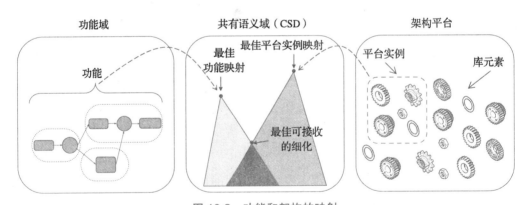

图 10.2　功能和架构的映射

CSD 被划分为不同的区域：有用的区域包含可接收的细化，并且由功能的改进和可实现的功能平台实例之间的交集决定。每个可接收的细化都通过特定的编码将一个功能的组件映射到由选定的平台实例所提供的服务上。该区域的顶点对应于最佳可接收的细化，理想情况下所选择的实现应该到达这一点。在某个级别的实现被选择之后，同样的细化过程被迭代，以获得较低的抽象级别，因此能够更接近最终的实现。PBD 显示了其递归的性质，随着这个过程在越来越详细的抽象层次上重复，一旦获得了最终的实现，该过程就立刻终止。

10.3 动机和挑战

今天，用于开发 BSN 系统的架构平台的选择更像是一门艺术而非科学。从应用的角度来看，引领这种选择的需求通常是穿着性、尺寸、成本和性能。对于一个特别应用，我们要求（例如）平台应该能够处理（和预处理）最小传感器采样率，同时具有计算能力和内存性能。由于每个应用需要不同的功能集，约束条件将识别不同的（嵌入式）平台，其中更高级的应用产生更难满足的架构约束条件。

从 IC 制造商的角度来看，生产和设计成本也意味着添加平台约束。两组约束的交集定义了可用于最终产品的架构平台。值得注意的是，对于一个给定的应用，结果可能是一个过度设计的平台实例，换句话说，平台的全部潜力有一部分尚未被开发利用。在某种程度上，过度设计不一定是一个问题，因为它可以降低新产品的设计成本和上市时间。

因此，BSN 系统的"设计"应该由正式的方法来支持，采用这种方法可以让设计师在效果和效率之间探索寻找最有效的权衡解决方案。

10.4 基于 SPINE 的设计方法

我们通过使用 SPINE 开发一些 BSN 应用程序（见第 11 章）获得了一些经验，基于这些经验，我们确定了一种新的支持严谨的 BSN 系统设计的方法，来帮助设计人员获得可靠性、效率和不同系统之间的真正互操作性，以及对相同系统的不同硬件 / 软件实现。基于 SPINE 的设计方法（基于 SPINE 的 DM）的灵感来自著名的 PBD[1]。但是在这里，必要的平台恰好是半实例化的。

具体而言，根据 PBD，特别是遵循参考文献［3］的指示，三层抽象及其相应的平台已经被定义：应用层的服务平台；用于规范化通信协议的协议平台；以及用于描述硬件设备的实现平台。每个设计都集成了这些层的实例。具体而言，在每个给定的细化步骤中，设计包括了完整的正在开发的 BSN 系统的实例。我们确定了三个主要细化步骤：高级、详细设计和实现。

但是，我们的方法与标准的 PBD 方法不同，因为，为了在开发基于 SPINE 的高效 BSN 系统的过程中为设计师提供指导，我们确定的一些平台是半实例化的，具体来说：

- 服务平台被绑定到由 SPINE 框架提供的高级 API（见第 3 章）。应用的需求和功能可以自由映射到灵活的 SPINE API 和服务。

- 实现平台包括很多硬件。设计师有机会根据底层系统需求选择最合适的硬件。实现平台也是半实例化的，因为我们假设在传感器节点级别使用了基于 TinyOS 的架构，并且在此之上已经完成部署 SPINE 框架的节点端，而且在协调器级别使用了 Java 和 Android 驱动的个人设备 / 计算机，并用作基于 SPINE 的 BSN 协调器。

- 协议平台能够选择两个协议栈：蓝牙和 IEEE 802.15.4。这个平台经常是最后一个被实例化的，因为所做选择经常取决于在实现平台的映射（特别是目标设备上可用的无线电标准）。

10.4.1 模式驱动的应用级设计

基于 SPINE 的 BSN 应用的应用级设计可以由模式驱动策略指导。在下文中，我们描述了两个有用的设计模式，两者完全由 SPINE 支持：

- 用于监控的传感器数据收集：是最简单的模式，支持开发用于数据采集的 BSN 系统，其中，数据从一组可穿戴传感器收集，并进入协调器，然后由协调器进行可视化、存储和 / 或分析。模式架构图如图 10.3a 所示，其主要组成部分分为两层：

1）感知，传感器节点从这一层收集数据。

2）监控，数据在这一层被可视化、分析和存储。

每一层都可以在传感器或协调器级别实现。在传感层，采样管理组件给数据预处理组件提供感知数据。在监控层，数据可以由数据存储组件存储，由数据分析组件分析，并由数据可视化组件以图形方式显示出来。值得注意的是，这些组件都不是必需的，它们中的每一个都可以有选择地被包含。

- 用于事件的检测 / 分类的多传感器数据融合：该模式通过对感兴趣的事件引入检测和 / 或分类来扩展之前的模式，例如意外跌倒、身体活动、姿势或手势、心理状态等（见第 11 章）。其架构如图 10.3b 所示，其主要组成部分分为三层：

1）感知，定义为先前的模式。

2）分析，在这一层根据可用的感知数据推断决策。

3）传播，提取出的信息在这一层被提供给最终用户 BSN 应用。

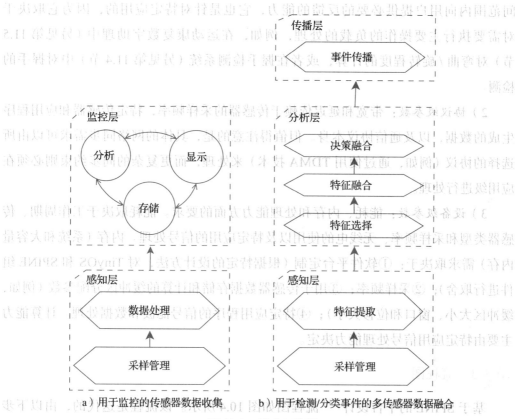

a）用于监控的传感器数据收集   b）用于检测/分类事件的多传感器数据融合

图 10.3　模式架构图

每一层都可以在传感器级别或者协调器级别实现。在感知层，采样管理组件提供特征提取组件，而特征提取组件则提取最大 / 最小值、信号能量或平均值。在分析层，①特征选择组件包含用于选择最重要特征集的算法；②特征融合组件把不同的特征融合在一起；③决策融合组件，以传入的特征集为基础，执行诸如人体姿势或手势分类的决策（另见第 11.3 节）。最后，在传播层，事件传播组件将这些决策转发给（本地和 / 或远程）应用级组件。

10.4.2　系统参数

根据之前提出的方法术语，影响基于 BSN 应用的主要参数可以分为以下几类：

1）应用级参数：系统准确性、可靠性和响应性。准确性是针对具体应用的，并且与模式识别和事件分类有关，如活动识别或压力检测的准确度（另见第11.2 和 11.3 节）。可靠性与生命攸关的重要应用息息相关（例如，心脏病发作的早期检测，癫痫发作和跌倒检测）。响应性的一个模糊定义是系统在可接受的时间范围内向用户提供必要的反馈的能力，它也是针对特定应用的，因为它取决于对需要执行主要操作的负载的处理，例如，在运动康复数字助理中（另见第 11.5 节）对弯曲 / 旋转程度的计算，或者在握手检测系统（另见第 11.4 节）中对握手的检测。

2）协议级参数：带宽和延迟依赖于传感器的采样频率，特定传感器和应用程序生成的数据，以及通信协议本身。但值得注意的是，具体的网络同步需求可以由所选择的协议（例如，通过使用 TDMA 技术）来处理，而更复杂的同步约束则必须在应用级进行处理。

3）设备级参数：能耗、内存和处理能力方面的要求。能耗取决于工作周期、传感器类型和采样频率、无线电的使用以及特定应用的信号处理。内存（系统和大容量内存）需求取决于：①软件平台定制（根据特定的设计方法，对 TinyOS 和 SPINE 组件进行取舍）；②采样频率；③用于传感器数据存储和计算的缓冲区分配参数（例如，缓冲区大小、窗口和位移大小）；④特定应用程序的信号滤波和数据处理。计算能力主要由特定应用信号处理能力决定。

10.4.3　流程图

基于 SPINE 的平台设计[4] 流程图如图 10.4 所示。该流程是迭代的，由以下步骤组成（由 Modeler、Designer 和 Developer 等角色来实施）：

- 需求分析（RA）：它产生一组功能和非功能的需求，用于推动设计流程。
- 高级设计（HLD）：它根据确定的需求产生 BSN 系统的高级设计。在我们的方法中，HLD 是一种集成了选定的协议、传感器和平台的 SPINE 框架的实例。
- HLD 的性能评估：它通过使用可用的分析 / 模拟方法来评估测量 HLD 性能。虽然结果无法在此细化级别中做详细说明，但它们仍然可以提供将可用的 HLD 翻译成 DD 的可行性（或便利性）方面的见解。如果不满足要求，则该流程必须退回到 HLD 步骤。
- 详细设计（DD）：它生成可用 HLD 实例的详细设计。HLD 在基于 SPINE 的 DM 的三层中的每一层都通过遵循前面描述的模式驱动设计来进行细化。

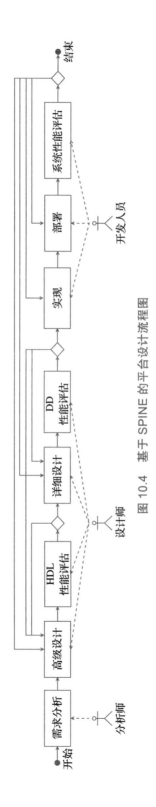

图 10.4 基于 SPINE 的平台设计流程图

- DD 的性能评估：它提供对 DD 的分析，具体做法是利用分析和／或模拟方法来测试和评估 DD 性能，还通过将选定的 DD 组件映射到设备级别来进行测试。获得的结果比 HLD 的性能估算的输出更准确，它们提供了关于获得有效和高效的 DD 实例的实现可行性的细粒度指示。如果不满足要求，则该流程必须返回到 DD 步骤，甚至是 HLD 步骤。
- 实现：它产生 DD 输出的实现，BSN 系统最终可以部署、执行和测试。
- 部署：它定义 BSN 系统的部署细节。
- 系统性能评估：它提供 BSN 系统的详细测试用例，并提取详细的性能测量值来进行验证。分析的结果提供了对整个系统的全面测试。如果不满足要求，则该流程必须返回到 DD 步骤，甚至 HLD 步骤。

10.5 总结

本章介绍了用于 BSN 应用的系统级设计的专业化 PBD 方法。首先，简要描述了 PBD 方法，然后，针对之前提出的用于 WSN 系统设计的一种 PBD 方法，专门针对更具体的 BSN 进行了详细说明，最后，将该方法与 SPINE 框架一起做了具体的展示。

参考文献

1 Keutzer, K., Newton, A.-R., Rabaey, J.-M., and Sangiovanni-Vincentelli, A. (2000). System-level design: orthogonalization of concerns and platform-based design. *IEEE Transactions on Computer-Aided Design of Integrated Circuits and Systems* 9 (12): 1523–1543.

2 Passerone, R. (2004). Semantic foundations for heterogeneous systems. PhD thesis. University of California.

3 Bonivento, A. (2007). Platform based design for wireless sensor networks. PhD thesis. University of California.

4 Fortino, G., Giannantonio, R., Gravina, R. et al. (2013). Enabling effective programming and flexible management of efficient body sensor network applications. *IEEE Transactions on Human-Machine Systems* 43 (1): 115–133. doi: 10.1109/TSMCC.2012.2215852.

基于 SPINE 的人体传感器网络应用

11.1 介绍

世界范围内平均寿命逐渐增加的趋势，以及更加深刻地意识到采取不同层次的行动以保持良好健康状况的重要性，正迫使健康系统发生重大革新。这种背景下的支持性技术包括：目前强大的个人移动设备，例如，智能手机和平板电脑；人体传感器网络（BSN），即通常能够监控多种健康参数的可穿戴传感器单元（智能手表、眼镜和腕带）；以及云计算基础设施。结果是，人们已经有机会获得非常多样化和个性化的智能健康服务，能够在任何时间、任何地点被任何人使用。

11.2 背景

这一章强调了 SPINE 框架在实际中如何支持基于可重用子系统的不同类型的医疗应用程序的开发。实际上，SPINE（见第 3 章）的主要目标之一就是提供灵活的架构，无须昂贵地重新部署运行在传感器节点上的代码，就能够支持各种实际应用。本章因此将介绍一些在 SPINE 上面开发 BSN 系统的有趣研究，此外，正如以下部分所述的那样，每个被描述的应用程序都改进了当前的最新技术。

11.3 身体活动识别

身体活动在人类健康中发挥着重要作用，然而，虽然人们现在已经完全意识到它们的重要性，但他们仍然需要经常被激励反馈，以保持积极的生活方式。因此，活动和姿势的自动识别是提供正确反馈的第一步。在这种程度上，身体活动识别是许多健康和智能医疗应用的基础。另外，很多以人为中心的可感知环境的实际应用程序需要经常评估用户活动，因为这些活动对测定环境本身非常重要。

11.3.1 相关工作

对人类活动的识别引起了人们极大的兴趣，这个主题在非常多元化的观点下进行了研究，并且相关问题也已经通过在感知信号的类型和识别策略等方面采取不同方法得到了解决。身体活动监测的研究目前重点支持老年人和慢性病患者。

与这个主题最相关并被经常引用的论文是由 Bao 和 Intille 发表的[1]。在这项研究中，几种监督学习算法被使用和评估，用来检测身体活动，其中使用了从放置在不同身体位置的节点上的传感器收集到的加速计数据。在没有受到研究人员的监督或观察的情况下，加速计数据来自 20 名受试者。

参考文献［2］的作者提出了非常有趣的方面，就是通过改变人体上的传感器节点的数量和位置来确定活动分类的准确性。

在参考文献［3］中，作者提出了一种基于穿在腰部的单个运动传感器节点的活动识别系统。三个轴向加速度信号经过处理，来提取重要的特征，如平均值、标准差、能量和相关性。该研究用到了许多分类算法（决策树、K- 最近邻居、支持向量机和朴素贝叶斯）来评估它们在识别准确性方面的表现。此外，基于不同方法（投票、堆叠和级联）的元级分类器也被考虑在内。

在参考文献［4］中，关注的重点是设计能耗感知识别算法的重要性，因为它们是在能耗受限的可穿戴设备上实现的。作者研究了选择动态传感器在实现能耗与活动识别准确性之间的最佳平衡方面的优势，并提出了与潜在的运行时传感器选择方案相关的活动识别方法。

在过去的一年里，由于商业智能手机的巨大改进，不仅在计算和存储能力方面，尤其是在感知方面，许多研究项目和商业应用突出了开发完全由智能手机支持的身体活动监控系统（以及更通用的智能健康应用程序）的便利性，因此可以显著改善用户接受度，并降低经济成本。例如，参考文献［5］提出了一个基于智能手机加速度计的专为老年人设计的日常活动监控系统。作者考虑了能耗限制，并提出了一种能耗感知方法，作为对标准的支持向量机（SVM）的改进。在参考文献［6］中，除了加速度计，陀螺仪和磁力计（目前许多智能手机都有）也用于检测身体活动。作者特意评估了智能手机的位置和身体的方向对分类性能的影响。

已经出版了很多关于人类活动识别的优秀评论著作。在参考文献［7］中，作者回顾了最相关的方法，以及与基于传感器的活动监测、建模和识别有关的方法，针对每种方法讨论了其优点和缺点。一个广泛的调查[8]涵盖了人类活动识别的最新技术，特别是基于可穿戴传感器。作者提出了一种与学习方法（监督或半监督）和响应时间（离线或在线）相关的两级分类法。

11.3.2 基于 SPINE 的活动识别系统

这里介绍的人类活动监测系统充分利用了之前工作的优势，希望能在准确性、穿着性能、能耗要求和编程复杂性之间找到最佳平衡。它能够识别姿势（躺着、坐着、站着不动）和一些动作（走路和跳跃），此外，它还包括简单而有效的跌倒检测模块，该模块使用活动分类来确定某人在跌倒后是否无法站起来。

该系统使用两个基于 Shimmer2R[9] 的无线可穿戴节点平台，包括一个 3 轴加速度计和一个基于 Android 的个人移动设备（例如，智能手机或平板电脑）充当协调器。最终用户应用程序（见图 11.1）在 Android 上运行，并在 SPINE-Android 框架之上进行编程。传感器节点和协调器之间通过蓝牙进行通信。

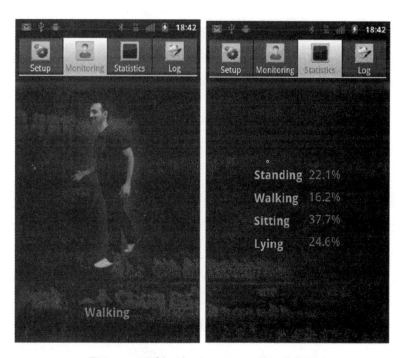

图 11.1 活动识别 Android app 的两张截图

活动识别系统采用了分类算法，该算法可获取由可穿戴单元采集的加速度计数据，其中的可穿戴单元被放置在受助者的腰部和大腿上，并能识别在离线训练期间定义的姿势和活动。在相关文献用到的最流行的分类算法中，基于 K– 最近邻[10]（k-NN）的分类器已经完成建模。

所提出的系统包含一组要在不进行定制的情况下使用该应用程序的默认训练集。

但是，可以通过创建针对具体用户的训练集，并选择使用图形向导来提高识别的准确性。用于区分不同活动的最重要的特征最后会由传感器设备进行在线计算，但是最初会用一个离线的顺序前向浮动选择（SFFS）[11]算法进行识别。

k-NN 分类器需要选择两个不同的参数：K 值和度量距离。不过，如果特征选择过程的执行是精确的，那么结果将会产生内部非常密集的活动集群，并且彼此之间被很好地分开。对于该系统所针对的特定活动集尤其如此。因此，分类器的精度显著地受到其参数值的影响，其中参数的选择如下，主要是为了减少分类执行时间：

- K = 1
- 度量距离：曼哈顿

使用 SFFS 算法获得的最重要的特征集如下：

- 腰部节点：①加速度计 XYZ 轴的平均值，②加速度计 X 轴上的最小值，③加速度计 X 轴上的最大值。
- 大腿节点：加速度计 X 轴上的最小值。

如上所述，所提出的系统还集成了跌倒检测功能，其基础算法是分布式的，因为它有一部分在腰部节点上运行，另一部分在移动协调器上运行。具体而言，该算法实时计算腰部节点的三个加速度计轴上的总能量（即平方和的平方根），再将该瞬时总能量的值与经验估计阈值进行比较，如果超过此阈值，节点将触发"潜在下降"警报消息回传到协调器。如果收到这样的初始警报，则运行在协调器上的算法部分开始监视用户姿势一段时间。如果用户被检测为"躺着"，则通过几种渠道将紧急情况消息报告至亲属和 / 或医务人员（短信和自动语音呼叫紧急号码列表，甚至在Facebook 和 Twitter 上发帖）。特别是，我们区分了两种类型的警报：黄色，如果用户在跌倒后能够立即站起来；红色，如果在几分钟之后，他 / 她仍然躺着。

表 11.1 中列出了对于每项活动系统所实现的分类精度性能，总体平均得分为97%。该相反，在半控制的实验室环境中，跌倒检测算法获得的平均准确度为90%，错误警报的百分比非常低（小于 1%）。

表 11.1   姿势 / 运动识别准确度

坐着	站着	躺着	走路
96%	92%	98%	94%

11.4 计步器

人的脚步检测是指自动确定发生走步动作的时刻。它是实现走步计数器的基本块，也被称为计步器，可用于对实时人类活动水平进行粗略评估，这反过来又是健康应用的主要目标之一。计步器也被用于评估老年人的移动，以及改善青少年的身体活动，以减少肥胖的风险。

11.4.1 相关工作

步数检测已得到广泛解决，并且文献中已经提出许多不同的方法和技术途径。关于这个主题的全面评论超出了目前的范围，感兴趣的读者可以参阅参考文献［12，13］，进行更深入的分析。在下文中，只介绍少数重要的文献，这些文献通过可穿戴设备和加速计传感器解决了人体步数的检测。

在参考文献［14］中，提出了一种基于 IMote2 平台并配备了 3 轴加速度计使用嵌入式设备进行在线步数检测的方法。该设备必须佩戴在臀部，对加速度计进行频率为 512Hz 的采样。原始加速度信号最初被用于提取一个横轴幅度信号，之后用低通滤波器进行平滑处理。然后，将获得的信号进行进一步处理来获取其一阶导数信号。最后，进行基于阈值的峰值检测。

在参考文献［15］中，提出了一个专门用于在跑步期间评估步数的系统。它基于配备有 3 轴加速度计的诺基亚 Wrist-Attached 传感器平台。在这项研究中，加速度信号用高通滤波器处理，用于去除重力成分。然后采用 1-norm 将三个高通滤波信号组合生成一个唯一的信号，这是通过计算三轴对应的绝对样本值的求和得到的。然后，检测基于阈值的峰值。值得注意的是，在这项工作中，阈值是动态调整的。在跑步时，系统的整体性能相比实际步数被低估了 30%。

在参考文献［16］中，展示了一种基于自定义原型设备的计步器，它用 3 轴加速度计 ADXL330 连接到 8 位的 MPC82G516 微控制器。该装置用来穿戴在腰部或放在口袋里面。首先使用汉明滤波器对原始加速度信号进行平滑处理，x、y 和 z 加速度矢量用于评估设备的初始空间方向，这样就可以随意放置设备本身（计步器放在口袋里时特别有用），滤波后的 x、y 和 z 信号也用于产生重力方向上的加速度信号，后者与一个根据经验评估的固定脚步阈值进行比较。该系统已在实验室环境中进行了评估，其中 5 名受试者的平均检测准确度约为 90%。

11.4.2   基于 SPINE 的计步器

本节介绍一种创新的计步器算法，该算法已经作为可选激活的功能被集成到先前描述的基于 SPINE 的活动识别应用程序中。为了提供原创的贡献和最先进的改进，我们确定了一些关键的设计需求：

- 使用加速度计数据。
- 低采样率。
- 能耗和计算效率的设计，用于支持嵌入式实现。
- 使用单个传感器节点，放置在腰部（肚脐下方）。
- 通用算法，供健康人士、老年人和 / 或残疾人群使用。
- 无须进行"高级个性化定制"校准。
- 高平均准确度（鲁棒性）。

在开始算法设计之前，已经从不同受试者收集了一些真实的步行数据，并进行了研究。受试者被要求自然地行走，并且会偶尔提高 / 降低步行速度。特别是，在记录时，将一个 3 轴加速度传感器节点放在腰部。该传感器的采样频率为 40Hz。为了简化开发、调试和评估，该算法一开始已经在 Matlab 上进行了编程。其中只用到了整数的数学运算，从而能够进行更直接的嵌入式实现（因为目标嵌入式平台的微控制器的硬件不支持浮点运算）。

值得注意的是，腰部的正面加速度（即平行于地面）在行走时大致呈现为正弦信号。因此，基本的想法是，通过识别递减部分（下降沿）来检测步伐，其中递减部分对应于迈步动作的最后一部分。

此外，很明显人类迈步的特征受到时间的限制（在物理上，它不能"太快"或者"太慢"）。但是，人与人之间的走路模式会变化，甚至对于同一个人，其走路模式也会随时间而变化，因此，所获取信号的幅度有可能会显著变化。

为了简化对迈步模式的识别，初始正面加速度首先使用平滑滤波器进行处理，从而消除高频成分。然后，该算法寻找局部最大值。当找到局部最大值后，它又寻找局部最小值。在找到局部最小值以后，自然就识别出了候选段。

然后提取两个特征，并用它们来确定候选段属于实际步伐，还是其他不同的身体动作。具体而言，候选段①如果在一定范围内加速下降（由阈值附近的"公差"

参数指定），并且②如果经历的时间在一定的时间间隔内，则被归类为迈步。预处理是一个使用了高斯内核的 9 点窗口平滑滤波器。因为它们用来处理数字信号，内核的总和必须为 1。此外，因为该算法适用于整数数学，所以它们被缩放，以便去掉小数因子。

阈值是被粗略初始化的，不过它会在步伐被识别时自动进行调整。特别是，它会用被归类为迈步的最后 10 次加速下降的平均值持续进行更新。这是非常有用的，它避免了计数器的功能在正常且准确工作之前所需的定制训练或设置阶段。最后，为了减少"误报"识别，例如，由于突然的冲击或传感器的缓慢倾斜，局部的最大值和最小值之间的时间间隔（简单地确定为段的样本数和采样时间的乘积）一定比"最小迈步时间"更长，或者比"最大迈步时间"更短。这两个值都是从可用的观察结果那里凭经验确定的。

所提出的算法最初在计算机上做评估，最后在运行 SPINE 的无线传感器节点上实现。对于这个应用程序，SPINE 的节点端已经扩展了所提出的算法。每次节点检测到一个迈步时，它都会把目前为止所走过的步数的总数发送到其协调器，以避免由于计算数据包丢失而导致的错误。在 SPINE 协调器上，对核心框架所做的补充很少，并且增加了一个简单的图形小工具，用于实时显示走过的步数。

11.5　情绪识别

不论在个人层面还是社会层面，情绪在每个人的日常生活中都扮演着基本的角色。随着人机接口（HCI）系统的日益普及，自动情绪识别的需求和重要性逐渐提高。事实上，今天，以人为中心的新型数字媒体和设备交互形式拥有巨大的潜力，能使虚拟和现实生活的许多方面发生革新。此外，自动情绪识别可以提供有用的医疗信息和指标，帮助预防或及早发现许多心理生理障碍。

在众多人的类情感中，压力和恐惧能够被自动识别，它们也因此变得非常有用，以下两节将对此进行描述。

11.5.1　压力检测

心率变异性（HRV）基于对时域和 / 或频域心电图（ECG）信号的 R 峰值与 R 峰值间隔（RR 间隔 –RRi）的分析。近年来，医生和心理学家正在认识到 HRV 对检测心理和情绪状态的重要性，尤其是对于压力和焦虑的识别。

11.5.1.1 相关工作

过去的医学研究表明，焦虑、恐惧症和压力障碍患者呈现持续性较低的 HRV。值得注意的是，这种关系的存在与患者的性别、年龄、心跳和呼吸频率、性格型焦虑或血压无关。

对于精神压力的监测尤为重要，因为研究表明，长期遭受压力是心血管疾病的危险因素[17, 18]。许多行业的研究项目都专注于 HRV，寻找其与心脏病的关系。一项有趣的研究[19]实际上证明了时域 HRV 参数与紧张的汽车驾驶情形之间存在关系。

在参考文献[20]中，作者提出了一种能够感知活动的心理压力检测方法，该方法使用 ECG、GSR 和加速度计数据。具体来说，这项工作主要关注坐、站立和行走。

在参考文献[21]中，提出了一个有趣的用于生物识别安全的压力检测应用。此外，文中还回顾了几种压力检测方法，以评估哪一种最适合在未来的生物识别设备中实现。

还有一些用于精神压力评估的商业产品。例如，StressEraser[22]提供了压力水平的生物反馈，用于寻找使呼吸性窦性心律不齐最大化的呼吸模式。Stress Monitor[23]是另一个专为工作时压力监测而设计的系统。它由 USB 耳夹设备组成，可连接到 PC 和桌面应用程序，该程序用于实时和历史报告。最后，个人减压器（emWave Personal Stress Reliever）[24]是一款带有音频和 LED 反馈的手持设备，用于监测用户的压力水平。值得注意的是，这些商业产品中没有一种适合连续监测，因为它们必须拿在手里才能工作，否则不能独立操作。

11.5.1.2 SPINE-HRV：一种用于实时压力检测的可穿戴系统

在这一节，我们提出了一个在 SPINE 上编程的可穿戴系统（使用自定义处理函数进行了适当扩展），该系统使用时域 HRV 分析来检测精神压力[25]。它专为连续非侵入式的使用而设计，由可穿戴的心脏传感器节点组成（我们有两个替代实现，一个是配备有附加 ECG 传感器板的 Shimmer2R 节点，而另一个配备了 Polar Electro[26] ECG 无线胸带），该节点从完整的心电图信号中提取 RRi。然后使用其协调器上运行着应用程序的 SPINE 框架对 RRi 进行处理（见图 11.2）。

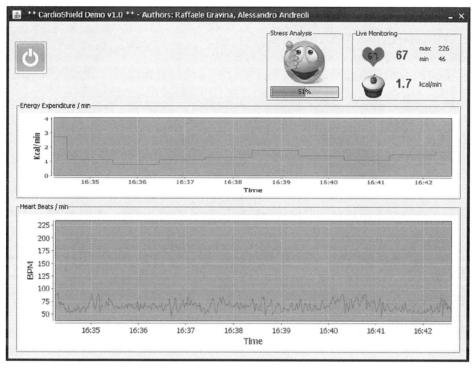

图 11.2　压力检测系统的主监控窗口

特别是，该系统提取医学文献中已知的共同参数进行 HRV 分析，用于日常活动中人们精神压力的连续非侵入性检测。

压力检测是定期计算的（可调范围从 10 ～ 60 分钟）。我们的方法是基于时域分析，这种方法对于识别如参考文献［27］中所示的压力情形是足够准确的。特别是，分析涉及四个重要指数的计算：

$$\overline{RR_j} = \frac{1}{15}\sum_{j=1}^{15} RR_j$$

$$SDNN = \sqrt{\frac{1}{N-1}\sum_{J=1}^{N}(RR_j - \overline{RR})^2}$$

$$RMSSD = \sqrt{\frac{1}{N-1}\sum_{J=1}^{N-1}(RR_{j+1} - RR_j)^2}$$

$$pNN50 = \frac{NN50}{N-1} \times 100$$

RR_j 表示第 j 个 RR 间隔的值，N 是连续间隔的总数。因此，$\overline{RR_j}$ 是 15 个连续 RRi 的平均值。SDNN 是 RR_j 的标准偏差，是用于量化 HRV 变化的主要指标，因为 SDNN 反映了所有在记录期间负责变化性的循环组件。RMSSD 是连续偏差的均方根。

最后，pNN50 是将 NN50 除以 RR_j 的总数得到的比率，其中 NN50 表示连续间隔的数量，其中间隔之间相差超过 50 毫秒。

所提出的系统旨在检测被监视人员是否处于精神紧张状态。这类决策问题已经通过以阈值为基础的方法得到了解决。

表 11.2 列出了从参考文献 [27] 中找到的结果里面提取到的阈值。RR 信号在特定时间窗口被记录，算法在该时间窗口结束时计算特征，如果它们四个中至少有三个超过了表 11.2 中列出的值，则人的精神状态被归类为"感到有压力"。综上所述，这里提出的系统的新颖性在于其能够对情绪压力进行在线检测，而不是离线分析。

表 11.2　HRV 参数的压力阈值

特征	阈值	单位
HR	>85	$1min^{-1}$
pNN50	<7	%
SDNN	<55	ms
RMSSD	<45	ms

11.5.2　恐惧检测

恐惧是对危险或威胁所作出的生理反应。在恐惧情绪之前的其他心理生理反应中，存在一种能够在心脏活动中被观察到的特定事件，称为心脏防御反应（CDR）[28, 29]。这种反应是准备对威胁做出反应的内部流程序列的第一步，会引发战斗或逃跑（这被称为"战斗或逃跑"）[30]。特别是，就在被大脑认为危险的突发情况发生之后，第一个基本的反应就是 CDR 激活。然后，如果刺激最终被归类为实际上并不危险，则恢复正常状态，心率（HR）也恢复稳定，否则就会开始感觉到恐惧。因此，CDR 具有保护和防御作用，尽管如此，如果被过于频繁和 / 或非理性地触发，就可能表示健康出现风险，从长远来看，可能会导致一些心理障碍，比如精神压力、恐惧症、焦虑和抑郁[31]。因此，能够自动识别 CDR 激活是有重要意义的，临床医生实际上就可以通过有价值的工具来辅助研究受试者的心理状态。

心电图正在被研究用于情绪识别和压力检测[25]，因为已经证明由于情绪和其他外部条件心理状态会对 ECG 信号产生影响。

11.5.2.1　相关工作

有关人类恐惧情绪的自动识别的具体问题的文献非常有限。大多数情况下，过去的研究调查了更为广泛的情绪识别问题[32, 33]，产生了一些争议性的结果。一些相关性更高的研究工作转而关注唤醒监测[34-36]。唤醒是一种对刺激保持清醒或者做出反应的心理生理状态，在激发战斗或逃跑反应方面起着核心作用，而战斗或逃跑的反应又通常先于恐惧情绪。

11.5.2.2　一种基于 SPINE 的惊吓反射检测系统

本节介绍一种基于 SPINE 的移动系统，它可以实时识别基本的情绪反应，特别是 CDR，CDR 在恐惧情绪本身之前被触发[37, 38]。据我们所知，这是第一项针对自动和实时识别这种生理机制的工作。

为了实现便携式的非侵入式系统，使用 ECG 具有明显的优点，因为可以使用基于轻量级可穿戴心脏传感器的技术。特别是，CDR 的检测需要从完整的 ECG 迹线中提取 RRi 和 HR。

我们提出了一种使用动态调整的基于阈值的方法来检测 ECG 信号内的 QRS 复合波（即心跳）的算法。该算法在 ECG 中寻找与自动估计的阈值进行比较的峰值，超过阈值的那些峰值将被标记为心跳并添加时间戳，由此产生 RRi 系列，它们是实际 CDR 检测算法的输入。所提出的 QRS 检测算法在个人移动设备上运行，并且是在 SPINE-Android 协调器上运行的移动应用程序的一部分。

在图 11.3 中，显示了所提出的自适应 QRS 检测算法的示意性框图。该算法由三个主要处理阶段组成：基于移动平均的高通滤波（HPF）、非线性低通滤波（LPF）和决策块[39]。进一步来说：

1）首先，线性 HPF 处理 ECG 记录以放大 QRS 复合波，同时抑制不需要的波形（例如 P 或 T 波）和基线漂移。该步骤包括一个 5 点移动平均滤波器，其输出被从延迟输入样本中逐点减去，以使整个系统成为具有线性相位的 FIR HPF。

2）之后，线性 HPF 输出被全波整流和非线性放大进行处理，然后进行滑动窗口求和，从而产生包络状的特征波形。这些操作（非线性 LPF 过程）旨在使高频、低幅度伪像变得平滑，同时保持 QRS 波形完整。

3）最后，将自适应阈值应用于特征波形，以完成 QRS 复合波检测。

为了检测 CDR，我们提出了一种可检测平稳信号中的变化的算法。潜在的比率是生理信号，包括 ECG 及其衍生的 RR 信号，都是高度平稳的。形式上，如果在信号采集期间信号的平均值和标准偏差没有改变，则信号是平稳的。特别是在 ECG 和 RR 信号中，非平稳事件是由几个因素引起的（例如，姿势和呼吸模式的变化）。

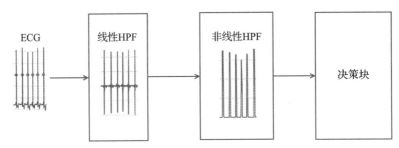

图 11.3 所提出的自适应 QRS 检测算法框图

我们的直觉表明，生理变化，更具体地说是与对恐惧等基本情绪所做的反应相关的 CDR 的影响，也会在心电图中进而在 RR 信号中引入非平稳事件[28-31]。

这样，就可以通过观察来自正常 HR 调节的非平稳转变，来检测由 CDR 引起的 HR 调节的突然变化。CDR 算法采用互相关积分方法来量化给定 RR 信号中的平稳量[40]。它提供特定信号是平稳信号的概率：接近 1 的值表示平稳信号；相反，接近 0 的值指的是高度非平稳的信号。我们建议以移动窗口的方式（信号长度的 10%）来计算互相关积分。这能够通过运行作为时间函数的 CDR 检测算法来检测 RRi 信号中非平稳的转变。最后，将互相关积分样本转换为百分比，此功能被称为非平稳索引（NSI）。

已经对 40 名受试者验证了 CDR 算法，从而评估 NSI 以确定 CDR 是否发生。具体来说，如果 NSI 的减少小于或等于 80%，则将改变模式分类为 CDR 事件。这个特定的 NSI 阈值是通过直接观察来自所有 40 名受试者的数据，并利用经验进行估计的。所提出的系统包括了一些独创的贡献：

- 它检测 HR 信号中的模式，即检测信号是否呈现非平稳过渡，因为它们指示 HR 信号的调节变化。
- 与心理学文献［28，29］中的相关工作相比，CDR 激活是实时检测的。
- 通过对 CDR 检测算法结果的分析，可以在 RR 信号中定位 CDR 事件。

图 11.4 显示了一部分实际的 RR 信号（顶部）及其相应的 NSI(底部)。该图显示，当经历由外部刺激（在我们的实验方案设置期间已向受试者提示）所触发的 CDR 时，可以观察到信号平稳性发生变化。特别值得注意的是，NSI 超过了 80% 的阈值。

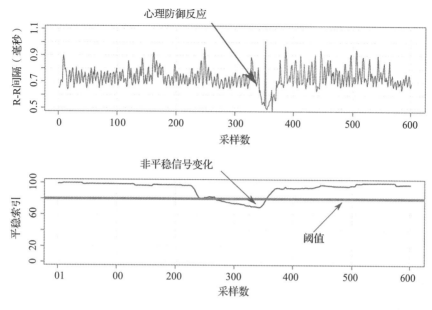

图 11.4 提出的适用于 RRi 系列的 CDR 检测算法

CDR 检测算法使用 R 脚本语言实现，这种语言具备对该算法有用的数学和统计库。

此外，我们实现了一个移动应用程序（见图 11.5），用于运行 Android OS 的设备，它能够监控心脏活动，特别是检测 CDR 机制的激活。

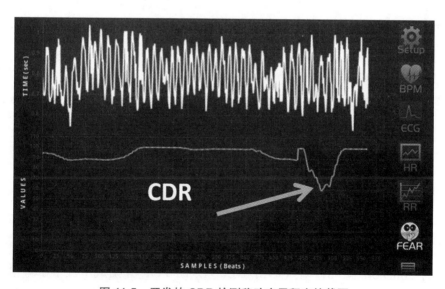

图 11.5 开发的 CDR 检测移动应用程序的截图

该系统在 SPINE 上实现，并使用配备有 ECG 传感器板的 Shimmer2R 节点，放置在胸部，带有专用的弹性带。该 Android 应用程序使用"Rserve"[41]库与负责远程执行 CDR 算法的 R 服务器进行通信。此外，该应用程序还能显示当前的 BPM 值、完整的 ECG 信号、RRi 系列和历史的 HR 图表。

11.6 握手检测

握手是许多文化中的一种基本姿势，它产生了很多正式和非正式的社交互动，例如，互致问候、表示祝贺或完成交易。因此，自动握手检测可以实现几种普遍的计算场景，具体来说，可以交换和处理握手人之间不同类型的信息，例如，基于物理 / 逻辑情境和熟人。

11.6.1 相关工作

到目前为止，关于自动握手检测的研究工作还很少。iBand[42]可能是第一个专门基于握手检测进行信息交换的系统。它基于配备加速度计和红外（IR）收发器的可穿戴手腕设备。具体而言，它通过见面人员分别佩戴的两个设备上的 IR 对准和上下运动的同步组合来检测握手。当用户的手 / 手腕处于预校准握手方向时，启用 IR 传输。预校准不能被定制，因此导致（根据参与系统实验的用户的体验）不可能总是摆出准确的行为和不自然的手势来让 iBand 检测到握手。此外，没有提供系统的定量性能分析。

Smart-Its Friends[43]提供的智能电子设备能够在处于彼此的通信范围内时进行通信，并经历类似的传感器读取。尽管所提出的方法更为通用，但它可以应用于握手检测场景：配备有加速度计的手持智能设备（例如，智能手机和增强的手表）可以用来识别人们接近时的常见握手模式，即使这是检测握手的间接方式，因为 Smart-Its Friends 并不专注于检测握手的姿势，而是检测彼此靠近的智能对象之间的一般性交互。

11.6.2 基于 SPINE 的握手检测系统

为了克服上述工作的局限性，人们提出了一种利用 SPINE 开发的另一个有趣的应用程序，称为 E-Shake（见图 11.6）[44]。E-Shake 是一个基于 BSN 的协同系统，用于检测人们在见面期间握手时的情绪。更准确地说，该系统基于增强的 SPINE 框架，称为 Collaborative-SPINE（C-SPINE，见第 7 章），并集成了握手手势检测与连续的逐心跳 HR 计算。这个综合信息对于检测人们以握手开始见面时的情绪状态很有用。

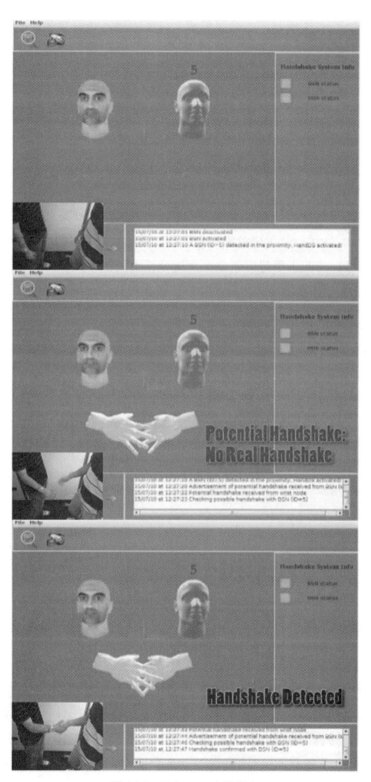

图 11.6　E-Shake 应用程序

系统架构如图 11.7 所示，由两层组成，位于协调器和可穿戴传感器设备上。在传感器级别，主要组件是：

- 在 Shimmer2R 节点上运行的心率传感器（HRSensor）组件配有 ECG 传感器板，用于提取 HR。HR 估计使用 5 点移动平均滤波器来使 HR 曲线变得平滑。
- 握手传感器（HSSensor）组件在放置于被监测对象右手腕上的 Shimmer2R 节点上运行，获取用于握手识别的加速度计数据。HSSensor ①以 100Hz 的频率对 Shimmer2R 中包含的 3 轴加速度计进行采样，②缓冲采集到的数据，③对这些数据进行专门的特征提取（幅度、标准偏差、过零点、平均值、总能量和 RMS），④运行基于决策树的分类器，用来检测潜在的握手手势，并且⑤在识别出潜在的握手手势时，最终发送计算出的特征集。尤其是，在具有 50% 重叠的 32 个样本的窗口上计算特征。根据经验估计这些参数，以便对快速检测和良好的分类准确性进行平衡。

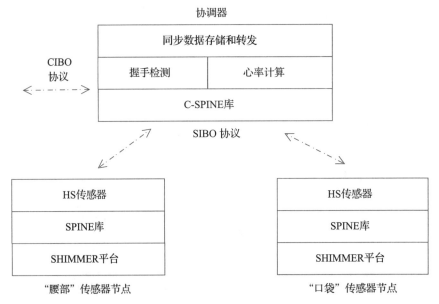

图 11.7　E-Shake 系统架构

在协调器级别，E-Shake 是为 Android OS 开发的，并集成了两个应用程序组件：①握手检测组件，使用 C-SPINE 来识别握手手势；②心率组件，提供逐心跳 HR 数据。具体来讲，协调器将 HR 数据与从联合分类器获得的握手分类信息进行对齐，并且在发生握手的扩展时间窗口期间跟踪 HR 数据（将作为情绪检测子系统的输入）。扩展时间窗口取决于握手检测时间，可以在其上居中，或配置为非对称窗口大小。

联合分类器是一个 J48 决策树，它使用会面人员佩戴的两个传感器的整个功能集（两个 BSN 协调器使用 CIBO 协议进行通信，见图 11.7），并且仅在 BSN 协调器在短时间间隔内接收到两个传感器节点发出的潜在握手通知时被激活（注意，SIBO 协议支持"BSN 内"通信，见图 11.7）。

我们通过在受控环境中执行实验情景来评估 E-Shake 的情绪反应检测，此环境中配备了该系统的学生、辅导员和教授可以相遇。每次会面都要求两个人从两扇门进入房间。每一对的选择使得有两个受试者彼此是熟人关系，而另外两个受试者不是熟人关系。此外，虽然辅导员和教授被告知实验目标，但未告知学生。教授和辅导员在促进学生之间的社交互动方面发挥了重要作用，并且因为学术上的师生层级关系而成为学生反应的推动者。通过分析 HR 图表，该系统捕获了三个相互反应：（a）没有任何主体对会面没有情绪反应，（b）一个人对会面的情绪反应，（c）两个见面人对于会面的情绪反应。类似于（a）的案例是最常见的，而与（b）类似的案例主要与学生和辅导员或教授之间的会面相关，偶尔也会记录学生之间的会面。在整个实验中，发生类似于（c）的案例实际上是罕见的。

11.7　身体康复

通常需要进行重复的体育锻炼才能从诸如肌肉拉伤、肢体骨折或手术中恢复。有关运动表现质量的实时反馈，将使正在进行康复治疗的患者能够在不需要持续专业帮助的情况下，独立地进行正确的运动。

11.7.1　相关工作

尽管由可穿戴传感器支持的身体康复辅助方面的文献仍然非常有限，但到目前为止已经发表了一些有趣的研究成果。

早期的研究[45]侧重于治疗师的视角，目的在于确定治疗师在使用放在腰带上的便携式加速计传感器进行练习时的身体活动压力和能量消耗。

在参考文献［46］中，作者提出使用可穿戴式加速度传感器来客观地评估患有多发性硬化症的患者的运动能力和活动水平，以便不唯一地依赖于自我报告和问卷调查。

然而，仅仅在近期，人们才开始研究在可穿戴感知设备和实时视觉反馈的辅助下，对患者在康复锻炼期间提供支持的具体问题。在参考文献［47］中，作者描述了一个基于智能手机和手镯以辅助患者康复锻炼的康复支持系统。动态时间调整（Dynamic Time Warping）用于训练和识别动作。该系统是完全可定制的，因此它可以让治疗师选择设备的位置和其他参数，以适应不同的锻炼。然而，所提出的系统由于依赖于单个传感装置，因此存在无法监测很多运动的问题，并且无法测量诸如肘部和膝关节弯曲角度等相关参数。

RIABLO[48]是一个专门用于支持身体骨骼康复的游戏系统。作者建议使用游戏元素来激励和吸引患者，同时提供关于所进行练习的正确性的反馈。该系统基于五个可穿戴设备，它们配备了 3 轴加速度计和陀螺仪，用弹性带固定在身体上，并且压力传感器贴片通过蓝牙与游戏站进行连接。

另一个有趣的项目[49]使用了两个连接到患者手臂或腿部的 Shimmer 微尘[9]和一个商用 Android 平板电脑，其中的图形应用程序提供了对所进行练习的视觉实时反馈，以及参照先前记录的参考运动对练习质量的评估。

除了纯粹的学术研究之外，还有一些具有与上述方案具有类似功能的商业前解决方案[50, 51]。

若要做进一步的文献研究，读者可以参考最近发表的一些有趣调查[52, 53]。

11.7.2　SPINE 运动康复助理

在本节中，我们提出了一个物身体康复数字助理（见图 11.8），该助理在 SPINE 上实现，使用两个配备有加速计传感器的可穿戴节点来监测手臂和腿部运动。一个个人移动应用程序在患者的智能手机或平板电脑（基于 Android）上运行，并提供有关所执行练习的实时反馈，此外，它与专用云计算后端交互，以传输所收集的数据，以便进行长期的离线分析，并从治疗师那里检索关于康复过程的评论和更新（例如，下载一周的锻炼计划）。

该应用能够实时监测腿部和手臂弯曲运动，并将其与设置阶段记录的运动进行比较。因此，该应用场景包括了两步骤，即设置阶段和练习阶段。在设置阶段，用户在需要锻炼的腿或臂上佩戴两个传感器，并在康复专家的指导下进行正确的锻炼，同时，系统记录数据，并将其存储为参考练习。然后，在锻炼阶段期间，用户重复弯曲运动，并且在参照所存储的参考练习的情况下，提供这次运动完成情况的实时反馈。

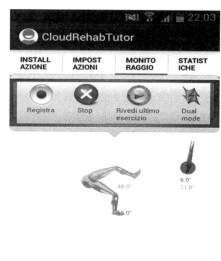

图 11.8　康复数字助理的两张截图

远程康复是一个非常重要的方面，它涉及对患者进行远程监控的可能性。这种可能性尤其涉及某些特定类型的康复。这方面是至关重要的，因为尝试通过远程监测来对患者在入院后的所有阶段进行跟踪和监测的想法能够大幅降低与该过程相关的成本。例如，我们可以考虑经历过暴力创伤的患者在出院后所做的骨骼康复，这个康复阶段并不需要（持续的）临床医生的监测。在骨科创伤的情况下，患者能够安全地进行康复，并被远程监控，这些都能在身体压力和经济方面获益。

此外，该系统允许通过专用云计算基础设施对与康复过程的管理和控制相关的数据经由互联网进行安全和经过认证的收集。该云计算后端系统主要用于为医生提供支持。通过一个 Web 应用程序，医生可以：

- 管理患者及其计划练习。
- 显示患者的运动数据。医生必须能够分析患者所进行的运动，以便能够发现有助于完成预期治疗的改进手段。这将极大促进其工作：由于数据的准确性，治疗师"几乎"能够跟踪其所有的患者，就像他们在康复中心一样。如有必要，他可以在认为适合更换或更新原定治疗方案的时候，发送一个新的预约请求，并通过在他的个人移动设备上运行的应用程序通知患者。
- 查看患者进展情况的统计数据。在整个治疗期间，医生都会需要关于患者的快速且易于阅读的信息。在这个意义上，医生获得了综合统计信息的支持，例如，最大和最小伸展和弯曲角度（肘部或膝盖）、扭转角度（腿部或手臂）、活动范围和每天训练分钟数。

11.8 总结

SPINE 的主要目标是为 BSN 开发人员提供对于信号处理应用程序的快速原型设计的支持。在 SPINE 中，传感器和通用处理块（例如，数学聚合器和基于阈值的报警）可以被独立配置，并在运行时根据外部控制任意连接在一起。SPINE 的一个关键优势是能够在运行时满足各种不同应用的需求，在大多数情况下，避免了对运行在远程感知设备上的代码进行高成本的重新部署。

这种方法还能够在相同的基本软件组件之上构建多样化的应用程序，从而增强了代码的可重用性，更重要的是，无须基于特定的应用来重新部署节点端代码。

特别是在真实场景中，这种属性是非常理想的。例如，医生可以使用配备有加速度计和合适的协调器设备（例如，智能手机）的 SPINE 节点来监测患者每周的能量消耗。又比如，在康复场景中，只要在医生的协调器设备上安装合适的应用软件，就可以随后将相同的节点用于另一个患者。在本章中，SPINE 框架已被证明能够支持各种各样的医疗保健应用，而无须重新部署运行于节点上的代码。SPINE 的灵活性已经通过对五个不同的案例研究（身体活动检测、计步、情绪压力检测、握手检测和身体康复）的描述得到了证明，这些案例研究都使用相同的传感器节点硬件和软件。显然，在一般情况下，为了支持不同的应用，可穿戴感知节点必须配备所有必需的物理传感器。

参考文献

1 Bao, L. and Intille, S.S. (2004). Activity recognition from user-annotated acceleration data. *Pervasive 2004*, LNCS 3001, Linz/Vienna, Austria (18–23 April), pp. 1–17.

2 Maurer, U., Smailagic, A., Siewiorek, D., and Deisher, M. (2006). Activity recognition and monitoring using multiple sensors on different body positions. *Proceedings of the International Workshop on Wearable and Implantable Body Sensor Networks*, Cambridge, MA (3–5 April 2006), pp. 99–102.

3 Ravi, N., Preetham Mysore, N.D., and Littman, M.L. (2005). Activity recognition from accelerometer data. *Proceedings of the 17th Conference on Innovative Applications of Artificial Intelligence*, Pittsburgh, PA (9–13 July 2005), pp. 1541–1546.

4 Zappi, P., Lombriser, C., Stiefmeier, T. et al. (2008). Activity recognition from on-body sensors: accuracy-power trade-off by dynamic sensor selection.

Proceedings of the European Conference on Wireless Sensor Networks, Bologna, Italy (30 January–1 February 2008), pp. 17–33.

5 Anguita, D., Ghio, A., Oneto, L. et al. (2012). Human activity recognition on smartphones using a multiclass hardware-friendly support vector machine. *Proceedings of the 4th international conference on Ambient Assisted Living and Home Care*, Vitoria-Gasteiz, Spain, 3–5 December 2012, pp. 216–223.

6 Shoaib, M. (2013). Human activity recognition using heterogeneous sensors. *Proceedings of ACM International Joint Conference on Pervasive and Ubiquitous Computing*, Zurich, Switzerland (8–12 September 2013).

7 Chen, L., Hoey, J., and Nugent, C.D. (2012). Sensor-based activity recognition. *IEEE Transactions on Systems, Man, and Cybernetics, Part C: Applications and Review* 42 (6): 790–808.

8 Lara, O.D. and Labrador, M.A. (2013). A survey on human activity recognition using wearable sensors. *IEEE Communications Surveys & Tutorials* 15 (3): 1192–1209.

9 Shimmer Website. www.shimmersensing.com (accessed 15 June 2017).

10 Cover, T. and Hart, P. (1997). Nearest neighbor pattern classification. *IEEE Transactions on Information Theory* 13: 21–27.

11 Pudil, P., Novovicova, J., and Kittler, J. (1994). Floating search methods in feature selection. *Pattern Recognition Letters* 15 (11): 1119–1125.

12 Carter, B.C., Vershinin, M., and Gross, S.P. (2008). A comparison of step-detection methods: how well can you do? *Biophysical Journal* 94 (1): 306–319.

13 Oliver, M., Badland, H.M., Shepherd, J., and Schofield, G.M. (2011). Counting steps in research: a comparison of accelerometry and pedometry. *Open Journal of Preventive Medicine* 1: 1–7.

14 Libby, R. (2008). A simple method for reliable footstep detection on embedded sensor platforms. https://www.scribd.com/document/136324023/Libby-Peak-Detection (accessed 6 December 2017).

15 Ahola, T.M. (2010). Pedometer for running activity using accelerometer sensors on the wrist. *Medical Equipment Insights* 2010 (3): 1–8.

16 Wu, L.-M., Sheu, J.-S., Jheng, W.-C., and Hsiao, Y.-T. (2013). Pedometer development utilizing an accelerometer sensor. *World Academy of Science, Engineering and Technology* 79: 35–40.

17 McEwen, B.S. (1998). Protective and damaging effects of stress mediators. *The New England Journal of Medicine* 338 (3): 171–179.

18 Segerstrom, S.-C. and Miller, G.-E. (2004). Psychological stress and the human immune system: a meta-analytic study of 30 years of inquiry. *Psychological Bulletin* 130 (4): 601–630.

19 Lee, H.B., Kim, J.S., Kim, Y.S. et al. (2007). The relationship between HRV parameters and stressful driving situation in the real road. *Proceedings of the 6th International Special Topic Conference on Information Technology Applications in Biomedicine*, Tokyo, Japan (8–11 November 2007), pp. 198–200.

20 Sun, F.-T., Kuo, C., Cheng, H.-T. et al. (2012). Activity-aware mental stress detection using physiological sensors. *Lecture Notes of the Institute for Computer Sciences, Social Informatics and Telecommunications Engineering* 76, 211–230.

21 de Santos Sierra, A., Sánchez Ávila, C., Guerra Casanova, J., and del Pozo, G.B. (2011). Real-time stress detection by means of physiological signals. In: *Recent Application in Biometrics* (ed. J. Yang and N. Poh), 23–44. London: Intech.

22 Stress Eraser Website. www.stresseraser.com (accessed 15 June 2017).

23 Health Reviser Stress Monitor. http://www.healthreviser.com/content/ stress-sweeper (accessed 6 December 2017).

24 emWave Personal Stress Reliever. https://store.heartmath.com/emwave2 (accessed 15 June 2017).

25 Andreoli, A., Gravina, R., Giannantonio, R. et al. (2010). SPINE-HRV: a BSN-based toolkit for heart rate variability analysis in the time-domain. *Wearable and Autonomous Biomedical Devices and Systems: New Issues and Characterization – Lecture Notes on Electrical Engineering* 75: 369–389.

26 Polar Website. www.polar.com (accessed 15 June 2017).

27 Yang, H.-K., Lee, J.-W., Lee, K.-H. et al. (2008). Application for the wearable heart activity monitoring system: analysis of the autonomic function of HRV. *Proceedings of the 30th Annual International Conference on Engineering in Medicine and Biology Society (EMBS 2008)*, Vancouver, Canada (20–25 August 2008), pp. 1258–1261. IEEE Press.

28 Bauer, R. (1998). Physiologic measures of emotion. *Journal of Clinical Neurophysiology* 15 (5): 388–396.

29 Lopez, R., Poy, R., Pastor, M. et al. (2009). Cardiac defense response as a predictor of fear learning. *International Journal of Psychophysiology* 74 (3): 229–235.

30 Zimbardo, P.G., Weber, A.L., and Johnson, R.L. (1999). *Psychology*, 3e. Boston, MA: Addison Wesley Longman, Ed.

31 Vila, J., Fernandez, M.C., Pegalajar, J. et al. (2003). A new look at cardiac defense: attention or emotion? *The Spanish Journal of Psychology* 6 (1): 60–78.

32 Sebe, N., Cohen, I., Gevers, T., and Huang, T.S. (2004). Multimodal approaches for emotion recognition: a survey. *Internet Imaging VI* 5670: 56–67.

33 Cowie, R., Douglas-Cowie, E., Tsapatsoulis, N. et al. (2001). Emotion recognition in human-computer interaction. *IEEE Signal Processing Magazine* 18 (1): 32–80.

34 Martyn Jones, C. and Troen, T. (2007). Biometric valence and arousal recognition. *Proceedings of the 2007 Conference of the Computer-Human Interaction Special Interest Group (CHISIG) of Australia on Computer-Human Interaction*, Adelaide, Australia (28–30 November 2007).

35 Grundlehner, B., Brown, L., Penders, J., and Gyselinckx, G. (2009). The design and analysis of a real-time, continuous arousal monitor. *Sixth International Workshop on Wearable and Implantable Body Sensor Networks*, Berkeley, CA (3–5 June 2009), pp. 156–161.

36 Valenza, G., Lanatà, A, Scilingo, E.P., and De Rossi, D. (2010). Towards a smart glove: arousal recognition based on textile electrodermal response. *2010 Annual International Conference of the IEEE Engineering in Medicine and Biology Society*, Buenos Aires, Argentina (31 August 2010–4 September 2010), pp. 3598–3601.

37 Covello, R., Fortino, G., Gravina, R. et al. (2013). Novel method and real-time system for detecting the Cardiac Defense Response based on the ECG. *Proceedings of the IEEE International Symposium on Medical Measurement and Applications (MeMeA2013)*, Trento, Italy (16–20 September 2013).

38 Gravina, R. and Fortino, G. (2016). Automatic methods for the detection of accelerative cardiac defense response. *IEEE Transactions on Affective Computing* 7 (3): 286–298.

39 Chen, H. and Chen, S. (2003). A moving average based filtering system with its application to real-time QRS detection. *Proceedings of Computers in Cardiology, ser. CinC 2003*, Thessaloniki Chalkidiki, Greece (21–24 September 2003), pp. 585–588.

40　Kiremire, B. and Marwala, T. (2008). Nonstationarity detection: the use of the cross correlation integral in ECG, and EEG profile analysis. *Proceedings of the Congress on Image and Signal Processing, ser. CISP'08*, Singapore (27–30 May 2008), pp. 373–378.

41　Rserve Website. http://www.rforge.net/Rserve (accessed 15 June 2017).

42　Kanis, M., Winters, N., Agamanolis, S. et al. (2005). Toward wearable social networking with iband. *Proceedings of Computer-Human Interaction (CHI)* – Extended abstracts on Human factors incomputing systems, Portland, OR (2–7 April 2005), pp. 1521–1524. ACM.

43　Holmquist, L.E., Mattern, F., Schiele, B. et al. (2001). Smart-its friends: a technique for users to easily establish connections between smart artefacts. *Proceedings of the 3rd International Conference on Ubiquitous Computing (UbiComp)*, Atlanta, GA (30 September–2 October 2001), pp. 116–122. Springer-Verlag.

44　Augimeri, A., Fortino, G., Galzarano, S., and Gravina, R. (2011). Collaborative body sensor networks. *Proceedings of the IEEE International Conference on Systems, Man and Cybernetics (SMC2011)*, Anchorage, AL (9–12 October 2011).

45　Balogun, J.A., Farina, N.T., Fay, E. et al. (1986). Energy cost determination using a portable accelerometer. *Physical Therapy* 66: 1102–1107.

46　Hale, L., Williams, K., Ashton, C. et al. (2007). Reliability of RT3 accelerometer for measuring mobility in people with multiple sclerosis: pilot study. *Journal of Rehabilitation Research & Development* 44 (4): 619–628.

47　Raso, I., Hervás, R., and Bravo, J. (2010). m-Physio: personalized accelerometer-based physical rehabilitation platform. *Proceedings of the 4th International Conference on Mobile Ubiquitous Computing, Systems, Services and Technologies*, Florence, Italy (25–30 October 2010).

48　Costa, C., Tacconi, D., Tomasi, R. et al. (2013). RIABLO: a game system for supporting orthopedic rehabilitation. *CHItaly 2013, the Biannual Conference of the Italian SIGCHI Chapter*, Trento, Italy (16–20 September 2013).

49　Nerino, R., Contin, L., Gonçalves da Silva Pinto, W.J. et al. (2013). A BSN based service for post-surgical knee rehabilitation at home. *Proceedings of the 8th International Conference on Body Area Networks*, Boston, MA (30 September–2 October 2013).

50　Rehabitic Whitepaper. http://www.imim.es/media/upload/arxius/oferta%20tecnologica/REHABITICwebIMIM_EN.pdf (accessed 15 June 2017).

51　PamSys Website. www.biosensics.com (accessed 15 June 2017).

52　Patel, S., Park, H., Bonato, P. et al. (2012). A review of wearable sensors and systems with application in rehabilitation. *Journal of NeuroEngineering and Rehabilitation* 9: 21.

53　Hadjidj, A., Souil, M., Bouabdallaha, A. et al. (2013). Wireless sensor networks for rehabilitation applications: challenges and opportunities. *Journal of Network and Computer Applications* 36: 1–5.

第 12 章

使用 SPINE

12.1 介绍

本章为有兴趣使用 SPINE 框架开发应用程序的 BSN 程序员提供了一个快速而有效的参考。虽然可以从网站上免费下载全面的开发者指南，但在本章中，将提供关于设置 SPINE 环境以便开始编程的必要信息，同时还提供有关如何定制和扩展框架本身的参考意见。

12.2 SPINE 1.x

SPINE（Signal Processing In-Node Environment，节点环境内的信号处理）（见第 3 章）是一个用于在无线传感器网络中分布式实现信号处理算法的框架。

它提供了一组节点上的服务，用户可以根据应用的需求来调整和激活。

SPINE 是在 LGPL 1.2 许可下，作为开源项目被发布的，可以从 http://spine.dimes. unical.it/ 在线获取。

SPINE 框架有两个主要组成部分：

1）传感器节点端。它在 TinyOS2.x 环境中开发，提供节点上服务，比如传感器数据采样和存储、数据处理等。

2）服务器端。它是用 Java SE 开发的，并充当传感器网络的协调器。因此，它根据应用的需求来管理网络、设置和激活节点上服务等。

该框架经过重新设计，最新版本（1.3）提供了比之前的版本更多层级的可扩展性。

核心框架现在分为三个主要部分，负责处理不同方面，即通信、感知和处理部分。

节点端的源代码按如下结构进行组织：

```
Spine_nodes
|__apps
|  |__SPINEApp
|__support
|  |__make
|__tos
|  |__interfaces
|  |  |__communication
|  |  |__processing
|  |  |__sensing
|  |  |__utils
|  |__platforms
|  |__sensorboards
|  |__system
|  |  |__communication
|  |  |__processing
|  |  |__sensing
|  |  |__utils
|  |__types
```

服务器端按如下结构进行组织：

```
Spine_serverApp
|
|__src
|  |
|  |__jade.util
|  |__spine
|  |  |
|  |  |__communication.emu
|  |  |__communication.tinyos
|  |  |
|  |  |__datamodel
|  |  |
|  |  |__datamodel.functions
|  |  |__datamodel.serviceMessages
|  |  |__exceptions
|  |  |__payload.codec.emu
|  |  |__payload.codec.tinyos
|  |  |
|  |  |__test
|
|__lib
|
|__jar
|
|__doc
|
|__resources/defaults.properties
|
|__build.xml
|
|__build.prope rties
```

这种结构反映了对框架逻辑不依赖于与之通信的网络类型的需要。换句话说，
SPINE 的核心实现不使用任何特定于 TinyOS 的 API，并且可以在底层协议栈（例
如，ZigBee 网络）上独立运行。与平台无关的代码可以在下面找到：

- spine 包，包含 SPINE 的核心逻辑。
- spine.datamodel 包，包含框架使用的数据实体。
- spine.datamodel.functions 子包，定义函数的结构。
- spine.datamodel.serviceMessages 子包，定义各种类型的服务消息。
- spine.exceptions 子包，包含可能由 SPINE 抛出的异常类。

SPINE1.3 服务器端实现了 TinyOS2.x 网络和"虚拟传感器节点"网络，因此，它可以为 TinyOS 底层通信提供支持：

- spine.communication.tinyos 包含 TinyOS 专用的逻辑和基于 IEEE 802.15.4 的底层通信程序（称为 tinyos.jar API）。
- spine.payload.codec.tinyos 子包包含 TinyOS 平台的底层消息编解码器。
- spine.communication.bt 包含基于蓝牙的底层通信程序（在桌面计算机上使用开源 BlueCove 库，而在 Android 上使用自带的蓝牙 API）。
- spine.payload.codec.bt 子包包含用于蓝牙串行传输的底层消息编解码器。

对于"SPINE 节点仿真器"（每个"节点仿真器"实例是一个"虚拟传感器节点"，请参阅数据收集器和 SPINE 节点仿真器）底层通信：

- spine.communication.emu 包含用于虚拟传感器节点的逻辑和底层通信程序。
- spine.payload.codec.emu 子包包含用于虚拟传感器节点消息的底层消息编解码器。

SPINE1.3 发行版还提供了 SPINE.jar，可以在任何使用 SPINE API 和完整 javadoc 文档的项目中导入它。

12.2.1 如何安装 SPINE 1.x

将 SPINE 安装到目标平台上并不难，该过程包括以下步骤：

1）从 SPINE 网站（http://spine.dimes.unical.it/）下载 SPINE1.3。解压后的 spine 文件夹内包含：

a）Spine_nodes 文件夹，其中包含要在 motes 上运行的 TinyOS2.x 代码。

b）Spine_serverApp 文件夹，其中包含要在计算机上运行的 Java 代码。

c）COPYING 和 License 文本文件，其中包含有关许可的信息。

d）SPINE 手册。

2）Spine_nodes 包含要在 TinyOS2.x 中编译然后写入传感器节点的代码。Spine_nodes1.3 使用了 TinyOS 2.1.0 版进行开发和测试。较旧的 TinyOS2.x 版本也已经过测试，可以将 Makefile 配置为支持旧版本，但 SPINE 团队强烈建议使用 TinyOS2.1.0 版本。

a）将 Spine_nodes 文件夹复制到 tinyos-2.x-contrib 文件夹中。

b）从 app/SPINEApp 文件夹中编译 SPINE1.3 框架，并将其安装在您的平台上。目前 SPINE1.3 支持的平台有：

i. 带有 SPINE 传感器板的 Telosb 微尘

```
SENSORBOARD=spine make telosb
```

ii. 带有生物传感器板的 Telosb 微尘

```
SENSORBOARD=biosensor make telosb
```

iii. 带有 moteiv 传感器套件的 Telosb 微尘

```
SENSORBOARD=moteiv make telosb
```

iv. 带有 mts300 板的 Micaz 微尘

```
SENSORBOARD=mts300 make micaz
```

v. shimmer 微尘

```
SENSORBOARD=shimmer make shimmer
```

vi. Shimmer2 微尘

```
SENSORBOARD=shimmer2 make shimmer2
```

vii. Shimmer2r 微尘

```
SENSORBOARD=shimmer2r make shimmer2r
```

注意，对于每个支持的平台，都定义了默认的 SENSORBOARD。因此，除非另有指定（例如，通过在 make 命令中定义 SENSORBOARD 参数），否则：

- telosb 默认为"spine"传感器板。
- tmote 默认为"moteiv"传感器板。
- micaz 默认为"mts300"传感器板。
- shimmer 默认为"shimmer"传感器板。

若要更改这些默认值，可以在 tos/types/spine.extra 文件中找到相应的详细信息。

3）Spine_serverApp 包含用于运行 SPINE 网络的服务器端（例如协调器）的 Java 代码。

a）src 包含 SPINE1.3 的源代码，它被组织成：

- spine
- jade
- test

b）defaults.properties 包含框架的属性。

c）lib：包含 SPINE 必须包含的 jar 文件。

d）docs：包含 SPINE1.3 的 javadoc 文档。

e）jar：包含框架的 jar 文件。

f）用于 ant 的 build.properties 和 build.xml 文件。

可以使用文本化的 ant 命令编译和运行 SPINE 框架及其测试应用程序，也可以使用 IDE（例如，Eclipse 或 NetBeans）创建 Java 项目。必须手动将外部 jar（tinyos.jar）添加到项目中。由于版权规定不同，此 jar 不是 SPINE 分发文件的一部分，可以在 tinyos2.x\support\sdk\java 文件夹中找到。tinyos.jar 应该放在 spine_serverApp/ext-lib 文件夹中。

12.2.2 如何使用 SPINE

SPINE 框架在服务器端提供了简单的 Java API，用于开发在协调器上的应用程序。因此，SPINE 框架的主要优势在于允许用户迅速开始开发在传感器网络中的应用程序，而无须担心节点端编程。

开发人员可以轻松地编写一个简单的 Java 程序，让它通过网络中的传感器构建、管理和收集数据，而无须进一步的固件编程！

在 Java 端，用户可以开发它自己的应用程序，该应用程序必须实现 SPINEListener 接口，并且可以使用 SPINEManager 提供的任何 API。

由于服务器端的应用程序必须实现 SPINEListener 接口，所以它必须实现以下方法：

void	**received**(Data data)
	当 SPINEManager 从指定节点接收到新数据时，就会由其注册的侦听器调用此方法。
	生成此数据的 Node 对象体现为 data 对象。
void	**discoveryCompleted**(java.util.Vector activeNodes)
	当发现程序的定时器被触发时，SPINEManager 将用其注册的侦听器调用此方法。
void	**newNodeDiscovered**(Node newNode)
	当 SPINEManager 收到来自 BSN 节点的 ServiceAdvertisement 消息时，将用其注册的侦听器调用此方法。
void	**received**(ServiceMessage msg)
	当从特定的节点收到 ServiceMessage 时，SPINEManager 将用其注册的侦听器调用此方法。生成这条服务消息的 Node 对象体现为 msg 对象。

然后，应用程序可以使用由 SPINEManager 提供的以下 API：

void	**activate**(Node node,SpineFunctionReq functionReq)
	在给定的传感器上激活一个函数（或者只激活函数的子程序）。
void	**addListener**(SPINEListener listener)
	将 SPINEListener 注册到管理器实例。
void	**deactivate**(Node node,SpineFunctionReq functionReq)
	在给定的传感器上停用一个函数（或者只停用函数的子程序）。
void	**discoveryWsn**()
	命令 SPINEManager 发现周围的 WSN 节点。
java.util. Vector	**getActiveNodes**()
	作为 spine.datamodel.Node 对象的 Vector，返回发现的节点的列表。

spine.data model.Node	**getBaseStation()** 返回表示 BaseStation 的 Node 对象。
Jade.util. Logger	**static getLogger()** 返回 SPINE 框架的静态 Logger。Logger 可以用于设置日志记录的级别和添加自定义日志处理程序（例如，将日志记录到一个文件）。
spine.data model.Node	**getNodeByLogicalID**(spine.datamodel.Address id) 返回具有给定逻辑地址的节点。
spine.data model.Node	**getNodeByPhysicalID**(spine.datamodel. Address id) 返回具有给定物理地址的节点。
void	**getOneShotData**(Node node, byte sensorCode) 命令指定节点在指定传感器上执行"立即一次性"采样。
boolean	**isStarted()** 如果已要求管理器启动 BSN 中的处理，则返回 true。
void	**removeListener**(SPINEListener listener) 从管理器实例中删除 SPINEListener。
void	**reset()** 命令整个 WSN 进行软件重置。
void	**setup**(Node node,SpineSetupFunction setupFunction) 设置指定节点的特定功能。
void	**setup**(Node node,SpineSetupSensor setupSensor) 设置给定节点的特定传感器。
void	**start**(boolean radioAlwaysOn,boolean enableTDMA) 启动 BSN 感测，并计算先前请求的函数。

值得注意的是，只能通过 SPINEFactory 来检索 SPINEManager 实例：

SPINEManager	**createSPINEManager**(String appPropertiesFile) 初始化 SPINEManager。SPINEManager 实例连接到从 app.properties 文件透明地获取的基站和平台。

可以在 SPINETest 应用程序中找到相关示例，以了解可以设置哪些功能、可以接收哪些数据以及其他详细信息，该应用程序包含在最新版本的 SPINE 源代码中。该文档还提供了关于如何使用 Java 端的更多示例。

有关 Java 端的更多详细信息，感兴趣的读者可以参考可在发行版中找到的 Javadoc 文档。

12.2.3 如何使用 SPINE1.3 运行简单的桌面应用程序

SPINE1.3 版本附带了一个简单的测试应用程序，可以轻松运行它，用来验证框架的基本功能。需要执行以下步骤：

1）在可用的传感器节点上编译和写入，SPINE1.3 节点端框架。

2）编译并将 TinyOS2.x BaseStation 写入到另一个传感器节点。重要的是检查传感器节点和基站是否都在相同的无线电信道上工作，是否使用相同的最大消息有效载荷长度进行编译，以及是否使用相同的 TinyOS 版本来写入所有节点。

3）将 BaseStation 插入计算机的空闲 USB 端口，并从 shell 中键入 "motelist"，这将显示端口号。

4）创建一个应用程序属性文件（例如，在 MyApp/resources/app.properties 下），并根据以下选项之一设置 MOTECOM 和 PLATFORM 参数。具体取决于是在 Linux 或 Windows 计算机上使用串行转发器（例如 a），还是通过使用 Windows 机器（例如 b）的 PC 上的串行端口直接通信，或者是如果你打算模拟一个传感器节点网络（例如 c）。

```
a）MOTECOM=sf@127.0.0.1:9002
   PLATFORM=sf
b）MOTECOM=serial@COM41:telosb
   PLATFORM=tinyos
c）MOTECOM=4444
   PLATFORM=emu
```

选项 b 也可以在 Linux 机器上使用，但在能够安装和运行任何 SPINE 应用程序之前，必须首先构建 libgetenv 和 libtoscomm 库。此外，MOTECOM 值看起来要像 "serial@/dev/ttyS0:telosb"。

```
cd $TOSROOT/support/sdk/java && make
     sudo tos-install-jni
```

如果需要，其他依赖于应用程序的属性可以存储在这个属性文件中，而不会对 SPINE 框架产生任何副作用。

5）编辑 Spine_serverApp/test/SPINETest.java，并且可以选择检查全部代码来自定义测试应用程序。代码文档有助于理解 SPINE 对 Java 开发人员公开的功能。

如前所述，SPINETest.java 实现了 `SPINEListener` 接口（用于获取 SPINE 相关事件的通知），并使用 `SPINEFactory` 来检索 `SPINEManager`，而 `SPINEManager` 又具有用于管理网络中的节点并与之通信的 API。

SPINE 1.3 版本中提供的 `SPINETest` 执行以下操作：

a）广播发现消息，以检查 PAN 的组成：

```
manager.discoveryWsn();
```

b）完成发现之后，将显示所收到的有关 PAN 中节点的所有信息。

```
curr = (Node)activeNodes.elementAt(j);
// we print for each node its details (nodeID,
sensors, and functions provided)
System.out.println(curr);
```

此时显示的信息是：

i）节点 ID
ii）支持的传感器
iii）支持的功能

c）如果找到带加速度计的节点：

i）以采样时间 SAMPLING_TIME = 50ms 设置加速度计。

```
SpineSetupSensor sss = new SpineSetupSensor();
sss.setSensor(sensor);
sss.setTimeScale(SPINESensorConstants.MILLISEC)
sss.setSamplingTime(SAMPLING_TIME);
manager.setup(curr, sss);
```

ii）在该节点上设置特征引擎功能，以处理来自加速计传感器的数据，窗口 WINDOW_SIZE = 40，并且移位 SHIFT_SIZE = 20。

```
FeatureSpineSetupFunction ssf = new FeatureSpine
SetupFunction();
ssf.setSensor(sensor);
ssf.setWindowSize(WINDOW_SIZE);
ssf.setShiftSize(SHIFT_SIZE);
manager.setup(curr, ssf);
```

iii）激活在该节点上几个加速度计数据的特征（所有加速度计通道上的 MODE、MEDIAN、MAX 和 MIN）。

```
FeatureSpineFunctionReq sfr = new
```

```
FeatureSpineFunctionReq();
sfr.setSensor(sensor);
sfr.add(new Feature(SPINEFunctionConstants.MODE,
((Sensor)curr.getSensorsList().elementAt(i))
    .getChannelBitmask()));
sfr.add(new Feature(SPINEFunctionConstants.MEDIAN,
((Sensor)curr.getSensorsList().elementAt(i))
    .getChannelBitmask()));
sfr.add(new Feature(SPINEFunctionConstants.MAX,
((Sensor)curr.getSensorsList().elementAt(i))
.getChannelBitmask()));
sfr.add(new Feature(SPINEFunctionConstants.MIN,
((Sensor) curr.getSensorsList().elementAt(i))
.getChannelBitmask()));
manager.activate(curr, sfr);
```

iv）更多功能被激活（MEAN、AMPLITUDE）。

```
FeatureSpineFunctionReq sfr = new
FeatureSpineFunctionReq();
sfr.setSensor(sensor);
sfr.add(new Feature(SPINEFunctionConstants.MEAN,
((Sensor) curr.getSensorsList().elementAt(i))
.getChannelBitmask()));
sfr.add(new Feature(SPINEFunctionConstants.
AMPLITUDE,
((Sensor) curr.getSensorsList().elementAt(i))
.getChannelBitmask()));
manager.activate(curr, sfr);
```

v）在节点上设置警报引擎功能，以处理来自加速计传感器的数据，窗口 WINDOW_SIZE = 40，并且移位 SHIFT_SIZE = 20。请注意，功能和警报引擎可以使用不同的设定来进行设置，因为它们是两个独立的组件。但是，在这个测试应用程序中，它们已被设置为相同的值，以便更好地检查结果。

```
AlarmSpineSetupFunction ssf2 = new
AlarmSpineSetupFunction();
ssf2.setSensor(sensor);
ssf2.setWindowSize(WINDOW_SIZE);
ssf2.setShiftSize(SHIFT_SIZE);
manager.setup(curr, ssf2);
```

vi）在加速计传感器上设置两个警报，以便在发生以下情况时发回警报消息：

1）CH1 上的 MAX 值大于 upperThreshold 值 40。

```
AlarmSpineFunctionReq sfr2 = new
AlarmSpineFunctionReq();
sfr2.setDataType(SPINEFunctionConstants.MAX);
sfr2.setSensor(SPINESensorConstants.
ACC_SENSOR);
sfr2.setValueType((SPINESensorConstants.
CH1_ONLY));
sfr2.setLowerThreshold(lowerThreshold);
sfr2.setUpperThreshold(upperThreshold);
```

```
sfr2.setAlarmType(SPINEFunctionConstants.
ABOVE_THRESHOLD);
manager.activate(curr, sfr2);
```

2）CH2 上的 AMPLITUDE 低于 lowerThreshold 值 2000。

```
sfr2.setDataType(SPINEFunctionConstants.AMPLITUDE);
sfr2.setSensor(SPINESensorConstants.ACC_SENSOR);
sfr2.setValueType((SPINESensorConstants.
CH2_ONLY));
sfr2.setLowerThreshold(lowerThreshold);
sfr2.setUpperThreshold(upperThreshold);
sfr2.setAlarmType(SPINEFunctionConstants.
BELOW_THRESHOLD);
manager.activate(curr, sfr2);
```

d）如果找到具有内部 CPU 温度传感器的节点：

i）将温度传感器的采样时间设置为 OTHER_SAMPLING_TIME = 100 毫秒。

ii）在该节点上设置特征引擎功能，以处理来自温度传感器的数据，数据窗口为 OTHER_WINDOW_SIZE = 80，位移为 OTHER_SHIFT_SIZE = 40。

iii）激活在该节点上几个温度数据的特征（MODE、MEDIAN、MAX 和 MIN）。

iv）在节点上设置警报引擎功能，以处理来自加速计传感器的数据，窗口 WINDOW_SIZE = 40，并且位移 SHIFT_SIZE 20。

v）然后在内部 CPU 温度传感器上设置一个警报，以便当 CH1 上的 MIN 值大于 1000 且小于 3000 时发回警报消息。

e）一旦设置了所有的请求，网络就会启动。

```
manager.startWsn(true, true);
```

f）在接收到激活的数据（received (Data data)）时，显示数据有效载荷。

```
System.out.println(data);
```

g）在应用程序运行期间，功能可以被停用和激活。这里举一个例子：

i）收到五个特征数据包后，停用在该传感器上第一个激活的特征。

```
if(counter == 5) {
  // it's possible to deactivate functions computation
  at runtime (even when the radio on the node works
  in low-power mode)
  FeatureSpineFunctionReq sfr = new
  FeatureSpineFunctionReq();
  sfr.setSensor(features[0].getSensorCode());
  sfr.remove(new Feature(features[0].
getFeatureCode(),
```

```
    SPINESensorConstants.ALL);
    manager.deactivate(data.getNode(), sfr));
}
```

ii）在接收到 10 个特征数据包之后，在该传感器的第一个通道上计算新的特征（RANGE）。

```
if(counter 3== 10) {
    // and we can activate new functions at runtime
    FeatureSpineFunctionReq sfr = new
    FeatureSpineFunctionReq();
    sfr.setSensor(features[0].getSensorCode());
    sfr.add(new Feature(SPINEFunctionConstants.
RANGE,
    SPINESensorConstants.CH1_ONLY);
    manager.activate(data.getNode(), sfr);
}
```

iii）在 20 个警报数据包之后，禁用之前设置的在 CH1 上的 MAX 值高于阈值时被触发的警报。

```
if(counter_alarm == 20) {
    AlarmSpineFunctionReq sfr2 = new
    AlarmSpineFunctionReq();
    sfr2.setSensor(SPINESensorConstants.ACC_SENSOR);
sfr2.setAlarmType(SPINEFunctionConstants.
ABOVE_THRESHOLD);
    sfr2.setDataType(SPINEFunctionConstants.MAX);
    sfr2.setValueType((SPINESensorConstants.
CH1_ONLY));
    manager.deactivate(data.getNode(), sfr2);
}
```

12.2.4　SPINE 日志功能

SPINE 框架使用 Logger 来完成打印信息或警告消息、通知异常等任务。这样可以方便地过滤不需要的消息或将日志转发到输出文件等。

从 SPINE 用户的角度来看，使用 SPINEManager 静态方法 getLogger（）可能会很有用，例如：修改默认的日志记录级别（INFO）：

```
SPINEManager.getLogger().setLevel(Level.WARNING);
```

从 SPINE 开发人员的角度来看，使用日志记录器报告正确的打印方式是值得的：

```
if(SPINEManager.getLogger()
        .isLoggable(Logger.[SEVERE|WARNING|INFO]))
SPINEManager.getLogger().log(Logger.
[SEVERE|WARNING|INFO], "msg");
```

日志记录级别在严重程度方面是分级的。例如，如果日志的记录级别被设置为

WARNING，则仅记录 SEVERE 和 WARNING 消息，而不记录 INFO 消息。

感兴趣的读者可以参考 Jade Framework 日志教程（http://jade.tilab.com/doc/tutorials/ logging/JADELoggingService.html）和 java.util.logging javadocs，以获取更多详细信息。

12.3 SPINE2

SPINE2（参见第 4 章）并没有设计为 SPINE 1.x 的替代品，它是一项并行的研究工作，旨在①基于面向任务的范式试验不同的编程抽象，②设计可以更快地将框架移植到新传感器平台上的节点端软件架构。

与 SPINE 类似，SPINE2 包含两个主要组件：

- （协调器）服务器端管理应用程序（带有 GUI）和库，它提供多种功能和 Java- API，用于①与传感器的网络连接，②定义和管理要在传感器节点上运行的基于任务的分布式应用程序，以及③向用户定义的定制工具提供从网络收集到的数据，以进行进一步的数据处理。
- 传感器节点中间件，通过执行用户定义的任务来提供感知和分布式的数据处理功能。而中间件又由两组不同的组件组成：首先是与平台无关的核心模块，原则上可以编译为任何类 C 的嵌入式平台，而源代码仅仅略有变化；然后是依赖于平台的模块，它们专门用于管理特定平台提供的物理资源和底层服务。在本章中，我们重点关注 SPINE2 的 TinyOS 端口。

与平台无关的源代码（即公共节点端核心框架），按照下面结构进行组织：

```
Spine2_common_c
|__actuating
|__communication
|__memory
|__sensing
|__task
|  |__task_list
|__timing
|__utils
|__SPINEManager.c
|__SPINEManager.h
```

特别是，位于根文件夹中的 SPINEManager 是内核的核心组件，负责①系统的初始化和启动，②统筹其他用于管理任务、存储器、传感器、执行器和通信的模块，③处理 SPINE2 应用程序级协议。在"task"文件夹中是用于管理任务图表示的模块，以及用于正确实例化和运行分派在传感器节点上的任务的调度器，而"task_list"包含任务库，即所有类型的规范框架支持的任务，"memory"文件夹包含负责动态分配基于任务的应用程序的组件，以及每个单独分配的任务所需的缓冲区。其他文件夹包含用于管理执行器和传感器、定时器、通信的模块，还提供了其他一些实用的功能。

TinyOS 专用的节点端源代码的结构如下：

```
Spine2_tinyos-2.x
|__apps
|     |__SPINEApp
|__support
|     |__make
|__tos
|     |__interfaces
|     |        |__communication
|     |__platforms
|     |        |__shimmer2r
|     |        |__telosb
|     |__sensorboards
|     |__system
|     |     |__actuating
|     |     |__communication
|     |     |__scheduling
|     |     |__sensing
|     |     |__timing
```

与 SPINE（版本 1.x）源代码不同，大多数源文件仅包含"胶水代码"（即适配组件），用于将先前描述的 SPINE2 功能与 TinyOS 专用的传感器平台代码绑定，以访问底层的机制和服务（即物理传感器 / 执行器、定时器和无线电驱动器）。特别是，"system"和"interfaces"文件夹包含了与 SPINE2 体系结构相关的 TinyOS 组件，而"platforms"和"sensorboards"则包含了与传感器平台和传感器板的更加具体的驱动程序进行绑定的代码。

在传感器网络的协调器上运行的服务器端管理应用程序（Java 代码）的结构如下：

```
Spine2_coordinator
|__src
|     |__spine2
|     |        |__communication
|     |        |        |__tinyOS
|     |        |__message
|     |        |        |__message_list
|     |        |__support
|     |        |__task
|     |        |        |__task_list
|     |        |__utils
```

```
|    |        |__wsn
|    |__test
|__lib
|__doc
|__resources
```

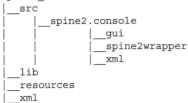

```
Spine2_console
|__src
|    |__spine2.console
|    |        |__gui
|    |        |__spine2wrapper
|    |        |__xml
|__lib
|__resources
|__xml
```

特别是,"Spine2_coordinator"提供了所有必需的 Java-API、库和功能,用于定义和部署基于任务的应用程序,而"Spine2_console"则是图形用户界面,有助于 SPINE2 应用程序开发,而无须处理 Java 码。

12.3.1 如何安装 SPINE2

设置 SPINE2 环境的过程包括以下步骤:

1)从 SPINE 的项目网站(http://spine.dimes.unical.it/)下载 SPINE2。该文件夹包含:

a)Spine2_common_c 文件夹,包含与传感器端平台无关的 C 代码。

b)Spine2_tinyos-2.x 文件夹,包含在支持 TinyOS 的传感器节点上运行的 TinyOS 2.x 代码。

c)Spine2_coordinator 文件夹,包含在协调器(即计算机)上运行的 Java 代码。

d)Spine2_console 文件夹,包含用于 GUI 的 Java 代码。

e)COPYING 和 License 文本文件,其中包含了有关许可的信息。

f)SPINE2 手册。

2)传感器端文件夹必须在 TinyOS 2.x 中编译,然后写入传感器节点。SPINE2 已经使用 2.1.0 版本的 TinyOS 进行了开发和测试。较旧的 TinyOS 2.x 版本也已经过测试,可以将 Makefile 配置为支持旧版本,但 SPINE 团队强烈建议使用 TinyOS 2.1.0 版本。

a)将 spine2_common_c 和 spine2_tinyos-2.x 文件夹复制到 tinyos-2.x-contrib 文件夹中。

b)从 spine2_tinyos-2.x/apps/SPINEApp 文件夹中编译并在你的 TinyOS 平台上

安装 SPINE2 框架。例如，如果你的平台是 TelosB：

```
make telosb install,1 bsl,/dev/ttyUSB1
```

其中"1"是传感器节点的 ID（可由用户自由设置），/dev/ttyUSB1 是 Linux 机器上的串口，传感器节点连接到该串口。

3）配置 TinyOS Java JNI 库。在 Windows 计算机上，将 toscomm.dll 和 getenv.dll 复制到 C:\WINDOWS\system32 或 JRE/JDK bin 子文件夹（即 ..\jdk1.xx.xx\bin 或 ..\jreX\bin）。这两个文件可以在 $TOSROOT/support/sdk/java/net/tinyos/util 中找到，命名为 windows_x86_toscomm.lib 和 windows_x86_getenv.lib。由于这些库适用于 32 位系统，因此要使用 32 位的 i586-JRE 版本来运行 SPINE2 Java 应用程序。在 Linux 机器上，无论是 32 位还是 64 位版本，都要在终端中运行以下代码：

```
cd $TOSROOT/support/sdk/java && make
sudo tos-install-jni
```

4）Spine2_coordinator 和 Spine2_console 既可以像任何 Java 应用程序一样运行，也可以作为 Java 项目用 Eclipse 或 NetBeans 等 IDE 来导入。控制台应用程序需要 SPINE2 协调器项目（或其 JAR 库 SPINE2.jar）才能运行。而且，为方便起见，两个项目中的 lib 子文件夹已经包含必要的外部库，如 TinyOS Java 库 tinyos.jar，该库也可以在 TinyOS 版本的 tinyos2.x\support\sdk\java 文件夹中找到。此外，Java Communications API 需要通过充当基站的串行端口来支持与传感器节点的通信。本机二进制库需要与 Java 的 comm.jar 库一起集成到你的操作系统中：

a）在 Windows 机器上，①将 win32com.dll 文件复制到 C:\WINDOWS\system32 文件夹中，②将 javax.comm.properties 文本文件移动到 JRE 文件夹中的 lib 子文件夹，即 C:\Program Files\Java\jre6\lib，取消对包含以下字符串的行的注释：Driver = com.sun.comm.Win32Driver。

b）在 Linux 机器上，①将 libLinuxSerialParallel.so 文件复制到 /usr/lib 文件夹中，②将 javax.comm.properties 文本文件移动到 JRE 文件夹中的 lib 子文件夹，取消对具有以下字符串的行的注释：driver = com.sun.comm.LinuxDriver。

12.3.2　如何使用 SPINE2 API

与 SPINE 1.x 类似，SPINE2 在服务器端提供简单的 Java-API，开发人员可以通过这些 API 在协调器上轻松开发自己的具有以下功能的 Java 应用程序，而无须处理节点端编程问题：

- 管理传感器网络。
- 定义部署在 WSN 上的面向任务的应用程序。
- 管理来自网络的（预处理）数据。

这样的 Java 应用程序必须实现 SPINE2Listener 接口和以下方法：

void　**discoveryCompleted(java.util.LinkedList<spine2. wsn.WSNNode>nodes)**

当发现程序的定时器被触发时，这个方法由 SPINE2Manager 调用（通过 EventDispatcher），用于其注册的侦听器；它提供了 WSNNode 对象的 LinkedList 来表示已发现的节点。

void　**messageReceived(spine2.message.Message msg)**

当收到一个新的 SPINE2 消息时，这个方法由 SPINE2Manager 调用（通过 EventDispatcher），用于其注册的侦听器。

void　**nodeDiscovered(spine2.wsn.WSNNode node)**

当从 BSN 节点收到一个 NODE_ADVERTISEMENT_MSG 消息时，这个方法由 SPINE2Manager 调用（通过 EventDispatcher），用于其注册的监听器。

然后，通过 SPINE2Manager（其实例只能通过 SPINE2Factory 检索），应用程序可以使用以下 API：

void　　　**addListener(SPINE2Listener listener)**

将 SPINE2Listener 注册到管理器实例。

void　　　**deployApplication(spine2.task.TaskGraph taskgraph,boolean automaticallyStartApp)**

将基于任务的应用程序部署到传感器网络。

void　　　**discoveryWSN()**

命令 SPINE2Manager 在超时（默认为 2 秒）之前发现周围环境的传感器节点。

long　　　**getDiscoveryTimeout()**

获取发现过程的超时。

spine2.wsn.　**getNode(spine2.wsn.Address address)**

WSNNode　按照传感器的地址返回该特定传感器节点。

spine2.wsn.   **getWSN( )**

WSN   返回用于描述已发现的传感器网络的对象。

void   **initApplication(boolean automaticallyStartApp)**

初始化已部署的基于任务的应用程序。

boolean   **isStarted()**

通知基于任务的应用程序是否已经启动。

void   **removeListener(SPINE2Listener listener)**

从管理器实例中删除 SPINE2Listener。

void   **resetApplication()**

删除传感器网络中部署的基于任务的应用程序。

void   **startApplication()**

启动已部署的基于任务的应用程序。

在下面，由 TaskGraph 类提供的 API 用于定义基于任务的应用程序：

boolean   **addConnection(int sourceTaskCode,int destTaskCode)**

按任务代码添加与任务图的连接。

boolean   **addConnection(Task sourceTask,Task destTask)**

添加与任务图的连接。

boolean   **addConnections(Task sourceTask,Task[] destTasks)**

向任务图添加从一个源任务到多目标任务的一组连接。

boolean   **addTask(Task task)**

将任务实例添加到任务图。

boolean   **connectionAlreadyExist(int sourceTaskCode,**

int destTaskCode)

验证一个连接是否已被实例化。

java.util.   **getAlllnputConnections(int taskCode)**

LinkedList   返回连接到特定任务的输入连接的列表。

<Connection>

java.util.   **getAllOutputConnections(int taskCode)**

LinkedList   返回特定任务的输出连接的列表。

<Connection>

Connection	**getConnection(int sourceTaskCode,int destTaskCode)** 返回给定代码的两个任务之间的连接。
java.util. LinkedList \<Connection\>	**getConnectionsList()** 返回所有连接的列表。
Task	**getTask(int taskCode)** 返回给定其代码的特定任务实例。
Task	**getTask(java.lang.String logicalName)** 从其逻辑名称返回特定的任务实例。
java.util. LinkedList \<Task\>	**getTaskList()** 返回任务图中的任务列表。
boolean	**removeConnection(Task sourceTask,Task destTask)** 从任务图中删除连接。
boolean	**removeTask(Task task)** 从任务图中删除任务实例。
void	**reset()** 重置应用程序，即其所有相关信息（任务和连接）会被删除。
boolean	**updatelask(Task task)** 将任务实例更新到任务图中。

12.3.3 如何运行一个使用 SPINE2 的简单应用程序

SPINE2 发布版本附带了一个简单的测试应用程序（SPINE2SimpleTest.java），可用于验证框架的基本功能。假设在传感器节点上使用 TinyOS 环境，运行该应用程序包括以下步骤：

1）在可用的传感器节点上编译和写入 SPINE2 TinyOS 节点端软件。

2）编译并将 TinyOS2.x BaseStation 写入另一个传感器节点。重要的是检查传感器节点和基站是否都在相同的无线电信道上工作，是否使用相同的最大消息有效负载长度进行编译，并且是否使用相同的 TinyOS 版本来写入所有节点。

3）将 BaseStation 插入计算机的空闲 USB 端口，并在 shell 中输入 motelist，这将返回 USB 的端口号。

4）创建应用程序属性文件（例如，在 MyApp/resources/myapp.properties 文件夹下），并根据以下选项之一设置参数"enabled_platforms"和"platform_motecom"，具体取决于基站是否与 Linux(a) 或 Windows 机器（b）上的 USB 串行端口进行通信：

a)
```
enabled_platforms=tinyos
tinyos_motecom=serial@/dev/ttyUSB0:telosb
```

b)
```
enabled_platforms=tinyos
tinyos_motecom=serial@COM0:telosb
```

SPINE2 目前完全支持 TinyOS 平台，而对 Z-Stack 的支持正在开发当中。

5）如果要自定义测试应用程序，需要编辑 Spine2_coordinator/test/SPINE2Simple-Test.java 并浏览代码。

当前 SPINE2 发布版本中的 SPINE2SimpleTest 应用程序已被创建，以展示如何在由三个传感器节点组成的 BSN 上开发图 12.1 中的基于任务的应用程序。

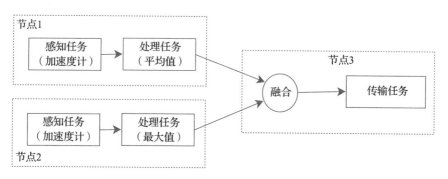

图 12.1　在"SPINE2SimpleTest.java"应用程序中定义和部署的面向任务的应用程序

如前所述，SPINE2SimpleTest.java 实现了 SPINE2-Listener 接口（以获取与 SPINE2 相关的事件和消息的通知），并且使用 SPINE2Factory 来检索 SPINE2Manager，而 SPINE2-Manager 则具有用于管理和与网络中的节点通信的 API。此外，还创建了 TaskGraph 实例，并对其进行建模以反映用户定义的基于任务的应用程序。

尤其是，示例应用程序执行以下操作：

a）广播一条发现消息，用来发现周围能够支持 SPINE2 的传感器节点，之后管理器在 DISCOVERY_TIMEOUT = 3000ms 以内收集节点发送的应答消息。

```
manager.setDiscoveryTimeout(DISCOVERY_TIMEOUT);
manager.discoveryWsn();
```

b）发现完成后，管理器通过 discoveryCompleted(LinkedList<WSNNode> nodes) 方法通知应用程序，该方法返回已发现的传感器节点列表，然后显示其信息。

```
currentNode = motes.get(j);
System.out.println(currentNode);
```

此时显示的信息是：

i）节点的 id/ 地址。

ii）节点的软件平台，例如，TinyOS。

iii）可用的板载物理传感器。

iv）可以在节点上实例化的可用 SPINE2 任务。

现在可以使用 TaskGraph 实例定义图 12.1 中的基于任务的应用程序。

```
taskGraph= new TaskGraph();
```

然后创建要在第一个节点上实例化的任务，并将其添加到 TaskGraph 实例。感测任务被配置为以采样时间 SAMPLING_TIME = 50ms 周期性地从车载加速度计获取感测数据。处理任务被配置为使用 WINDOW_SIZE = 40 和 SHIFT_SIZE = 20 来计算加速度计原始数据的平均值。

```
//     SENSING TASK
SensingTask sensingTask1= new SensingTask(motes.
get(0));
sensingTask1.setLogicalName("Sensing_Task_1");
sensingTask1.setSensorType(Sensor.ACCELEROMETER);
sensingTask1.setPeriodicity(SensingTask.TIMER_PERIODIC);
sensingTask1.setTimeScale(SensingTask.TS_MILLISEC);
sensingTask1.setPeriod(SAMPLING_TIME);
sensingTask1.setDataSelection(SensingTask.DATA_ALL);
taskGraph.addTask(sensingTask1);
//     PROCESSING TASK
ProcessingTask procTaskMean1=
                  new ProcessingTask(motes.
                  get(0));
procTaskMean1.setLogicalName("Processing_Mean_1");
procTaskMean1.setFunctionType(FunctionConstants.F_MEAN);
procTaskMean1.setWindowSize(WINDOW_SIZE);
procTaskMean1.setShiftSize(SHIFT_SIZE);
procTaskMean1
     .setOutputBuffering(PROCESSING_OUTPUT_
     BUFFERING);
taskGraph.addTask(procTaskMean1);
```

c）给第二节点定义类似的配置。

```
//      SENSING TASK
SensingTask sensingTask2= new SensingTask(motes.get(1));
sensingTask1.setLogicalName("Sensing_Task_2");
sensingTask1.setSensorType(Sensor.ACCELEROMETER);
sensingTask1.setPeriodicity(SensingTask.
TIMER_PERIODIC);
sensingTask1.setTimeScale(SensingTask.TS_MILLISEC);
sensingTask1.setPeriod(SAMPLING_TIME);
sensingTask1.setDataSelection(SensingTask.DATA_ALL);
taskGraph.addTask(sensingTask2);
//      PROCESSING TASK
ProcessingTask procTaskMean2=
                       new ProcessingTask(motes.
                       get(1));
procTaskMean1.setLogicalName("Processing_Mean_2");
procTaskMean1.setFunctionType(FunctionConstants.F_MEAN);
procTaskMean1.setWindowSize(WINDOW_SIZE);
procTaskMean1.setShiftSize(SHIFT_SIZE);
procTaskMean1
    .setOutputBuffering(PROCESSING_OUTPUT_
    BUFFERING);
taskGraph.addTask(procTaskMean2);
```

d）最后，第三个节点的任务。

```
//      MERGE TASK
MergeTask mergeTask= new MergeTask(motes.get(2));
mergeTask.setLogicalName("Merge_Task");
taskGraph.addTask(mergeTask);
//      TRASMISSION TASK
TransmissionTask transmTask =
                       new TransmissionTask(motes.
                       get(2));
transmTask.setLogicalName("Transmission_Task");
transmTask.setDestinationAddr(
                CommConstants.SPINE_BASE_STATION_
                ADDR);
taskGraph.addTask(transmTask);
```

e）接下来，创建一对任务之间的连接。

```
taskGraph.addConnection(sensingTask1,
procTaskMean1);
taskGraph.addConnection(sensingTask2, procTaskMean2);
taskGraph.addConnection(procTaskMean1, mergeTask);
taskGraph.addConnection(procTaskMean2, mergeTask);
taskGraph.addConnection(mergeTask, transmTask);
```

f）一旦定义了应用程序任务图，就可以在网络上部署它。此外，一旦在传感器节点上实例化了所有的任务，则指示管理器自动运行任务应用程序。

```
manager.deployApplication(taskGraph,
        WSN.AUTOMATICALLY_START_APPLICATION);
```

g）作为 discoveryCompleted(...) 方法的最后一个操作，MetaDataManager 实例用于构建与刚刚定义的任务图应用程序相关的元数据信息。必须使用此组件才能从 SensorDataMessage 中正确提取传感器数据。——

h）在接收到来自传感器网络，特别是来自 TransmissionTask 实例的消息时，会触发 messageReceived(Message msg) 方法，以便根据其类型处理此类消息（请参阅 "spine2.message.message_list" 包）。特别是，在 SensorData-Message 的情况下，Meta DataManager 实例用于让开发人员简单地提取感兴趣的数据，这样的数据可以通过特定标签来识别。此外，检查 dataMsgChainID 的值可以帮助区分来自不同传输任务的数据消息，这一步在这种情况下实际上不是必需的。数据之后就会显示出来，而无须进一步计算。

```
if(msg instanceof SensorDataMessage){
    SensorDataMessage dataMsg=
            (SensorDataMessage) msg;
    metaDataManager.decodeSensorDataMsg
(dataMsg);
    int dataMsgChainID= dataMsg
            .getTransmissionTaskCode();
    if(dataMsgChainID== transmTask.getCode()){
        short[]streamMeanX= metaDataManager
            .getDataStream(
                "Mean_AccX_Sensing_Task_1");
        if(streamMeanX!=null)
            printDataStream(
                    "Mean_AccX_Sensing_
                    Task_1",
                    streamMeanX);
        else
            System.out.println("No data
            associated
                    with the specified
                    label");
    }
}
```

i）最后，为了让开发人员知道可用传感器数据标签的确切列表，MetaData-Manager 提供了以下方法：

```
MetaDataManager.getMetaDataLabelsListString(
                        TaskGraph
                        taskgraph);
```